大坂堂島米《こめ》市《いち》場《ば》

江戸幕府vs市場経済

高槻泰郎

JN258939

講談社現代新書

2487

はじめに

躍動する江戸時代の市場経済

市場経済という、頼もしいが気むずかしい友人と、どのように付き合っていけばよいか。現代に暮らすわれわれには避けて通れないこの問題に、経済学も、学ぶべき先例もなく対峙《たいじ》した人々がいた。江戸時代の日本人である。

長い戦乱の世が終わり、人々が平和の恩恵を享受し始めると同時に、市場経済もまた目覚ましい成長を開始した。より多くの財が市場を通じて取引されるようになり、より多くのお金が人々の間を行き来することになった。

こう言っただけではやはり実感が湧かないだろうから、米取引を素材にして、もう少し具体的に描写しよう。江戸時代に米が盛んに取引されたことはよく知られている。だが、米切手《こめきって》という証券を通じて米を売買する市場があったことはあまり知られていない。この市場は、日本においてよりも、むしろ海外において有名なのかもしれない大坂の堂島米市場《どうじまこめいちば》である。

米切手とは、諸大名が大坂で年貢米を売り払う際に発行した、言わば「お米券」である。この「お米券」を購入し、発行元の大名に提示すれば、一枚当たり一〇石（米の重量にして約一・五トン）の米俵と交換してもらうことができた。期限内であれば、いつ米俵と交換してもよいので、商人たちは、しばらくの間「お米券」のまま市場で取引を行った。重たくて嵩《かさ》の張る米俵で取引するのはいかにも不便だから、当然と言えば当然である。

このように、発行した「お米券」について、全てが直ちに米俵との交換を要求されるわけではないことを知っていた大名は、実際に大坂で保管している在庫米の量以上に「お米券」を発行し、資金調達を行うことがあった。いや、それが日常化していた。つまり、実際に大坂に存在する米の量以上の「お米券」が、大坂市場を飛び交っていたのだ。

商人にとって「お米券」は便利な証券である。持ち運びや売買に適しており、何よりお米の保管場所を心配しなくてもよい。一方、大名にとっても「お米券」は便利な証券である。今はまだ手元にはない米についても売ることができる、つまり必要なタイミングで資金を市場から調達できたのである。

しかし大坂の米商人たちは、この便利な「お米券」取引だけでは飽き足らず、「お米券」の先物取引まで行うようになる。先物取引に馴染みのない方は、「ほう、先物取引まで行っていたのか」と、分かった気になってひとまず読み進めて頂きたい。詳しくは本文中で説明する。

日本の大坂米市場は、世界初の組織的先物取引市場であるとする海外の方も少なくない。なかでも著名な人物としては、世界最大の先物取引所、シカゴ・マーカンタイル取引所を運営するCMEグループの名誉会長であり、「先物取引の父」とも呼ばれるレオ・メラメド氏（一九三二〜）が知られている。

メラメド氏は、杉原《すぎはら》千畝《ちうね》の「命のビザ」で救われたユダヤ人としても知られるが、二〇一七年には日本の先物市場発展への貢献や、対日理解促進に寄与した功績が認められて旭日重光章《きょくじつじゅうこうしょう》を受章している（二〇一七年一一月三日付、日本経済新聞電子版）。日本に対して特別な感情を抱いていることも手伝っているのだろうか、同氏はこれまでの著作の中で、江戸時代における堂島米市場の達成を繰り返し強調している（Melamed and Tamarkin［一九九六］、Melamed［二〇〇九］など）。

メラメド氏の著作以外にも、堂島米市場に言及する海外文献は数多く存在し、先物取引の教科書で紹介されることも少なくない。これらを逐一列挙することは避けるが、堂島米市場は日本よりも、むしろ海外において認知度が高いとすら言える状況である。

現代日本人にはあまり知られていない堂島米市場であるが、もちろん江戸時代においては相当に有名だった。延享五（一七四八）年に刊行された「米穀売買出世車図式《べいこくばいばいしゅっせぐるまずしき》」という書物には、次のようにある。

【現代語訳】

諸商売の相場の多くは、大坂を根本としている。これはよく知られていることなので、ここに長たらしく記すことはしない。その中でも、米相場には帳合米商い《ちょうあいまいあきない》（筆者註：「お米券」の先物取引）というものがある。米を持たなくても、思惑次第でこれを売り、また米を入れておく蔵を用意しなくても、思惑次第で米を買うことができる。二〇俵から始まって、二〇〇俵の取引とし、さらにそこから千石、万石、万々石の売買を行うにも便利であり、毎日数万の人が取引を行っている。この相場の動きをうまく予想すれば、万両の金を得るのも瞬く間である。

【史料原文】（振り仮名は原文に付されているものを適宜取捨した）

諸商売の相場、おおくは大坂をもって根本《こんぽん》とす、人のよくしることなれば、ここにくだくだしくしるさず、中にも米相場に帳合商いという事あり、正米を持たざれども、そのおもい入れをもってこれを売り、また正米を入れ置く蔵なくても、そのおもい入れにてこれを買い込み、二十俵より根ざし二百俵にかぶだちて、ないし千石・万石・万々石にても売買するに便ありて、毎日数万の人、市をなせり、その相場の高下をよくおもい入れたらば、万両の金《こがね》を得んも、目をふらぬ間なり（「米穀売買出世車図式」）

じつに躍動感溢れる描写である。明和七（一七七〇）年に出版された書物には、「数千の人、毎日数十万俵うりかい、一俵も違わず日々に滞りなく帳面納まる事、またほかにたぐいなき商いなり」（「商家秘録《しょうかひろく》」）とある。これら数値の信憑性はさておき、電子計算機のない時代に、大量の取引を滞りなく清算できた処理能力の高さには驚くほかない。

さらに、大坂で形成された「お米券」の価格は、米飛脚《こめびきゃく》という、米相場情報の伝達に特化した飛脚集団によって全国へと送信されていた。飛脚の速度に飽き足らない者たちは、鳩や手旗信号によって米相場を伝達することまで始めた。他者よりも早く大坂の米価を知りたいと願う、非常にせわしない人々が、日本各地に分厚く存在していたのである。これを市場経済の発展と言わずして何と言おう。

暴走する江戸時代の市場経済

このように述べると素晴らしいことずくめのように見えるが、われわれ現代人ならばよくよく承知の通り、市場経済とは頼もしい半面、悩ましいものである。江戸時代の市場経済もしかりである。

例えば、「お米券」を過剰に発行する大名が出てきてしまう。「お米券」は、発行した時点で大名にお金が入ってくるので、さながら打ち出の小槌のようであるが、あまりにも多くの「お米券」を発行してしまえば、「お米券」と米俵の交換に応じられない可能性が出てくる。

しかし、財政的な苦しさから、危ないと分かっていても「お米券」を過剰に発行してしまう大名もいた。広島《ひろしま》藩（浅野《あさの》家）、萩《はぎ》藩（毛利《もうり》家）、佐賀《さが》藩（鍋島《なべしま》家）、久留米《くるめ》藩（有馬《ありま》家）など、名だたる大大名たちが、打ち出の小槌の誘惑に負けてしまったのである（第七章）。

また、より高く「お米券」を売りたいと願うあまり、行き過ぎた行動に出る大名もいた。佐賀藩や熊本《くまもと》藩では、大坂で売却する全ての米俵に、その俵を梱包《こんぽう》した農民の名前を書かせていた。万が一、砂利交じりや虫入りなどの品質不良が見つかった場合における責任の所在を明確にするためである。

さらに熊本藩では、大坂で売れるのは見栄えがよい米だとして、見栄えの悪い米は年貢として受け取らないことさえあった。大名が、大坂米市場の要求に応えようとした結果、年貢米を納める農民は、量のみならず、質の面でもかなりの負担を強いられることになったのだ（第六章）。

江戸時代中期の儒学者で、大坂の懐徳堂《かいとくどう》で教鞭をとった中井竹山《なかいちくざん》（一七三〇～一八〇四）は、堂島米市場における「お米券」先物取引を、「不実商」「虚商」「空商」などと呼んで非難した。米とは全く関係のない、単なる博打《ばくち》であるから速やかに停止させるべきであると、時の老中・松平定信《まつだいらさだのぶ》（一七五八～一八二九）に進言している（第五章）。

市場経済との向き合い方

「万両の金を得んも、目をふらぬ間なり」（前掲「米穀売買出世車図式」）と言われるように、投機マネーが先物市場を動かし、さらにはそれが実体経済によからぬ影響を及ぼすことは現代でもよくあることである。われわれは経済学ないし諸外国の先例を参照しながら、市場経済との向き合い方を、日々模索、検討しているが、ここでいったん先輩である江戸時代の人々の経験を追体験してみてはいかがだろうか。

経済学はおろか、学ぶべき先例もなかった江戸時代の人々は、どのようにして市場経済に向き合ったのだろうか。とりわけ市場を監督する立場にあった江戸幕府は、どのような政策を用意したのだろうか。世間一般にイメージされているように、武士は金勘定に疎かったから、市場のなすがままだったのだろうか。

本書の結論から言えば、このイメージは半分正しくて、半分間違っている。確かに江戸幕府は市場に関して知識不足の面もあったが、同時に多くのことを学習し、政策に採り入れるしたたかな政策主体でもあったのだ。

世界史的に見ても、前近代社会にあって、ここまで市場経済とがっぷり四つに組んで政策を展開した政権も珍しいと筆者は考えている。二〇〇七〜〇八年の金融ショックを経て、市場経済を制御する政策当局の役割がいよいよ注目されている今、江戸幕府の経験した試行錯誤は、決して「遠い過去の他人事」ではない。われわれが参照する経済学を、より説得的な学問にしていくためにも、江戸幕府と市場経済の格闘の歴史を観察することは有益な作業であると筆者は信じている。

そこで、以下では江戸時代の中央市場、堂島米市場を舞台として、市場が生まれ、発展していく過程、そしてそれに対峙した江戸幕府・大名・商人たちの姿を描写する。

本書を読み終えた読者にとって、市場経済との向き合い方について、何かしら得るものがあれば幸いである。

【表記方法について】

本書では、江戸時代の大坂は「大坂」、近代以降のそれは「大阪」と表記して区別する。史料原文の中で「大阪」の文字が江戸時代の大坂について用いられている場合は、その限りではない。また、史料原文を直接本文中に引用したり、掲示したりする場合には、読みやすさを考慮して書き下し文に改め、必要に応じて読点をつける。現代日本語では馴染みのない漢字はできる限り常用漢字に置き換え、旧仮名遣いは新仮名遣いに改める。

目次

第一章　中央市場・大坂の誕生

江戸時代初期の大坂

江戸時代の諸大名が、年貢を米で徴収し、それを「天下の台所」大坂に運んで現金に換えていたことはよく知られている。だが、この説明が当てはまるのは、江戸時代が始まってから七〇~八〇年が経ってからのことである。江戸幕府が開かれてから長らくの間、大坂は中央市場と呼べるような存在ではなかった。

周知の通り、大坂に市場として発展する契機を与えたのは豊臣秀吉《とよとみひでよし》だが、号令が発せられるや直ちに大坂にモノ・カネが集まったわけではなかった。豊臣政権の直轄地で収取される米ですら、大坂に集められて換金されたというよりも、各地の都市、鉱山、町場で分散的に換金された後、政権に上納されていたことが確認されている（谷［二〇一四］）。

慶長一九、二〇（一六一四、一五）年の冬・夏の陣によって大坂は灰燼《かいじん》に帰し、都市としての発展は、一時頓挫してしまう。その後、徳川家康《とくがわいえやす》の孫にあたる松平《まつだいら》 忠明《ただあきら》によって復興が進められた。元和五（一六一九）年七月、幕府は松平忠明に二万石を加増して大和郡《やまとこおり》山《やま》一二万石に転出させ、大坂を幕府直轄都市とした。これ以後、新たな体制の下で、民間の力も全面的に活用して大坂の拡張が図られていった。

大坂城と大坂の町の復興が完了し、江戸時代を通じての経済都市・大坂の原型は、ほぼ

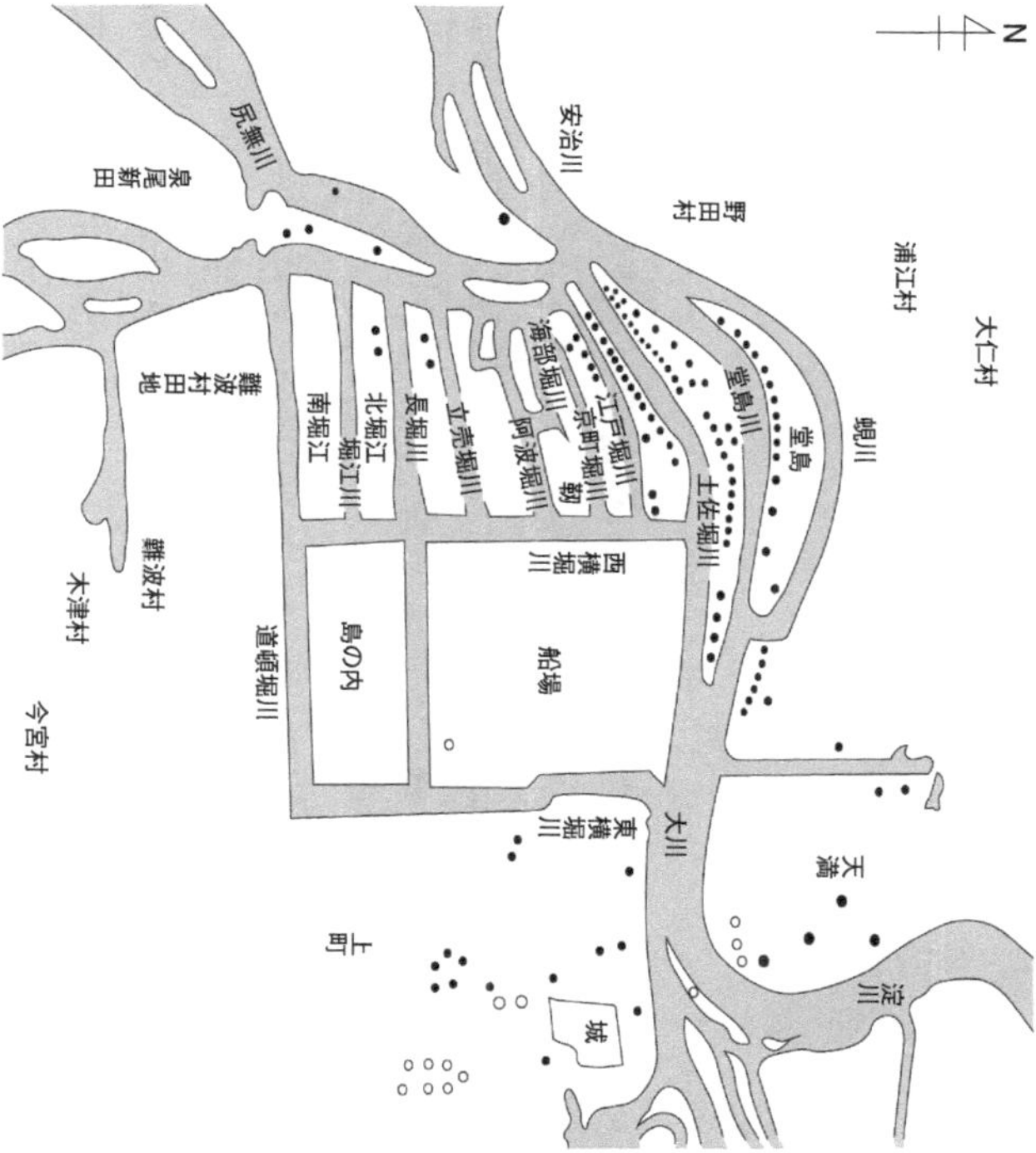

図1　蔵屋敷の位置変化　（出典）宮本［1988］図1-2を転載

注：○印は慶長年間（1596-1614）、●印は元禄10（1697）年時点での蔵屋敷所在地をそれぞれ表す。

一七世紀中ごろに完成したと見られている。大坂の動脈にあたる堀川《ほりかわ》の内、京町堀《きょうまちぼり》・長《なが》堀《ほり》・立売堀《いたちぼり》など主要なものは、このころまでに成立している。しかし、諸大名の年貢米を集める中央市場・大坂の機能は、この時点ではまだ十分に働いてはいなかった。それを象徴するのが、諸大名の蔵屋敷の配置である。

宮本又郎《みやもとまたお》によって作成された図1によれば、諸大名の蔵屋敷の設置場所が、一七世紀を通じて変化していたことが分かる。硝煙《しょうえん》の臭いの残る江戸時代初期の大坂蔵屋敷は、大坂城近くに配置され（図中の○印）、戦時の軍事施設として、兵粮《ひょうろう》や兵を収納する機関として機能していたのに対し、一七世紀の末、元禄時代（一六八八〜一七〇三）に入ると、より交通の便の良い中之島（堂島川と土佐堀川で挟まれた中洲）周辺に移動ないし新設されていった（図中の●印）。つまり蔵屋敷は商業施設へと変化したのであり、大坂が諸大名の物資販売市場として確立していったことを示唆している。

細川家と大坂市場

右の変化を大名の行動から裏付けてみたい。ここで取り上げるのは細川《ほそかわ》家である。細川藤孝《ふじたか》・忠興《ただおき》・忠利《ただとし》の三代にわたって史料が残る細川家は、戦国大名が江戸時代の大名へと変化していく過程を観察できる好適な素材として注目されてきたが、経済史の面でも興味深い事実を我々に示してくれる。

寛永期（一六二四〜四三）における細川家の年貢米販売先は、大坂、長崎《ながさき》、小倉《こくら》、下関《しものせき》、中津《なかつ》、大津《おおつ》など多岐にわたり、特に長崎で売却された米は、オランダ商館を通じて一六六〇年代までは輸出されていた（八百［一九九八］）。いわゆる鎖国体制が完成した寛永一六（一六三九）年以後も、オランダ商館が航海中の食糧として必要とする分の米の輸出は認められていたのである。輸出された米は、当時オランダの貿易拠点があった台湾《たいわん》へと運ばれ、備蓄されたという。

細川家では、輸出のみならず、ある市場で買い求めた米を他の市場で転売する投機的な取引まで行っていた。このことからも、米が大坂へのみ一方通行したのではないことは明らかであった（朝尾［一九六三］）。

一七世紀後期に入り、オランダが台湾から撤退すると、長崎を通じた米輸出は下火となり、細川家も年貢米販売の比重を大坂に移していった。元禄一六（一七〇三）年には、細川家の大坂への廻送米は八万石を数え、それまでの水準（三万〜四万石）から、大幅な伸びを示している（『新熊本市史　通史編　第四巻　近世Ⅱ』）。この変化は、先に論じた大坂市場の物理的基盤の整備と無関係ではなかった。堀川の整備、交通の便がよい蔵屋敷の設置など、大坂が市場としての機能を拡充させていくにつれ、細川家も大坂での米販売に利便性を見出し、これに注力していったと考えられる。

さらに時代を下った宝暦二（一七五二）年の数値を確認すると、細川家の総収入三〇万石の内、二九万石（九六％）が米納された年貢収入で占められている（立木［一九九五］）。ここで納められた米の一部は大坂で売りさばかれ、その数量は江戸時代後期には年間一〇万石を通例とした（拙稿［二〇一五］）。

同じく宝暦二年における熊本藩の支出見込みを確認すると、藩士の「取米《とりまい》」、すなわち藩士に支払う俸給が四〇％を占めている。その他、江戸での支出（一三・三％）、参勤交代費用（四・三％）などがこれに続く（立木前掲論文）。収入の大部分を米で受け取り、支出の大部分を藩士の「取米」が占める。まさしく米を中心に組み立てられた経営であり、大坂で売却する米の価格が財政を大きく左右する構造にあった。

熊本藩領内では、大坂米市場に運ばれて売却される予定の米（A）と、藩士に支給する予定の米（B）とは、それぞれ別の蔵で管理されていた（第六章）。このことからも分かる通り、熊本藩は（B）については大坂には運ばず、（A）についてだけ大坂で販売して、江戸での支出などにあてていたのである。

このように、江戸時代の中頃には、細川家だけで重さにして約一万五〇〇〇トン、細川家が用いていた俵に換算して三〇万俵もの米が、大坂へ廻送され、現金化されるに至った。大坂で売却された米の多くは、大坂から各消費地へと輸送され、飯米あるいは酒造原料として消費された。

幣制の統一

大名の米が大坂に集まった要因として、通貨の面も見落とすことはできない。江戸時代の通貨については、「三貨制度」の言葉で知られているように、江戸幕府が発行した金貨・銀貨・銭貨が用いられ、大名領国内では藩札などの地域通貨が通用していたと、一般的には説明される。だが、この体制もまた、長い時間をかけて徐々に形成されていったものだった（藤井［二〇一四］、安国［二〇一六］）。

そのことを象徴するのが領国貨幣の存在である。戦国期から近世初期にかけて、諸大名は金（砂金）・銀などの貴金属を素材とする貨幣を盛んに発行し、自領を中心として決済に用いていた（榎本［一九七七］）。戦国期には、永楽通宝《えいらくつうほう》をはじめとする中国からの輸入銭や、私鋳銭《しちゅうせん》などが流通していたが、一六世紀後半に、その量は著しく減少し、大名が軍事活動・経済活動を展開する上で、自前の通貨を鋳造する必要に迫られたことが、領国貨幣が生み出された理由と考えられている。

研究上、領国貨幣と命名されてはいるものの、貴金属を素材としているがゆえに、領国の範囲を超えて流通する事例も確認されている。江戸幕府鋳貨の供給がいまだ十分ではなかった江戸時代初期においては、じつにさまざまな貨幣が通用していたのである。

江戸幕府は、寛永一三(一六三六)年に寛永通宝《かんえいつうほう》(銭貨)の鋳造に着手し、以後その普及に力を注いだ。金貨・銀貨については、金座・銀座において独占的に鋳造させたのに対して、銭貨については民間に鋳造を請け負わせてまでも、普及を急がせていたことが知られている。それでも戦国期以来通用してきた古銭や、領国貨幣を駆逐するまでには時間を要し、江戸幕府が寛永通宝以外の銭貨使用の禁止を通達できたのは、鋳造開始から三〇年以上を経た、寛文一〇(一六七〇)年のことであった。

これに呼応するように、例えば加賀《かが》の前田《まえだ》家が、自領内で流通していた朱封銀《しゅふうぎん》と呼ばれる銀貨の通用を停止し、幕府銀貨に切り替えたのは、寛文九(一六六九)年から同一〇年にかけてのことだった。江戸幕府成立から七〇年近くの時間を経て、ついに江戸幕府通貨が全国に通用する決済通貨としての地位を確立するに至ったのだ。

これにより諸大名は、参勤交代をはじめとする公務や、自領の行財政を運営する上でも、幕府通貨を手にする必要に迫られた。その最良の手段こそ、幕府通貨がよく普及していたと考えられる大都市、具体的には江戸や大坂に物資を廻送して売却することであった。

A. 石高

(単位：1,000石)

地域	1600年	1721	1804	1846	1874
全国	30,678	48,808	58,803	67,062	76,351
東日本	9,777	17,132	20,686	23,300	25,903
中間地域	5,557	7,454	8,046	9,327	11,686
西日本	15,344	24,222	30,070	34,435	38,762

B. 人口

(単位：1,000人)

地域	1600年	1721	1804	1846	1874
全国	17,000	31,290	30,691	32,212	34,516
東日本（含東海・北陸）	−	16,079	15,020	15,742	17,012
西日本	−	15,211	15,671	16,470	17,504

表1　江戸時代における石高、人口の推移　（出典）深尾京司・中村尚史・中林真幸編［2017］、表1-1および付表1より抜粋。

注：A. 石高について、三地域区分の構成は、東日本（東東北、西東北、東関東、西関東、東山）、中間地域（新潟、北陸、東海）、西日本（畿内、畿内周辺、山陰、山陽、四国、北九州、南九州）となっている。詳しくは出典の63頁、および284頁を参照のこと。

おりしも一七世紀中期から後期にかけての時期は、大坂市場がその物理的基盤を整備し、中央市場としての機能を果たし始めた時期でもあった。大名財政の運営にとってもはや不可欠となった江戸幕府通貨を獲得するためにも、成長著しい大坂市場での米販売が重要性を帯びていったのだ。

開発の一七世紀

さらに押さえておかなければならないのは、ここで取り上げている一七世紀という時代が、日本列島の風景が変わってしまうほどに、全国規模で盛んに農地開発が行われた時代でもあったことである（大島［二〇〇九］、武井［二〇一五］）。

江戸時代を通じた石高、人口の推移を確認

年代	期間	新田高（石）	全体に占める割合（%）
慶長・元和-正保２年（17世紀初-1645）	30-40	137,467	39.6
正保３-寛文３年（1646-63）	18	80,218	23.1
寛文 ４-天和３年（1664-83）	20	51,511	14.8
貞享元-元禄11年（1684-98）	15	19,615	5.7
元禄12-天保２年（1699-1831）	133	11,849	3.4
天保３-慶応３年（1832-67）	36	46,439	13.4
合計		347,099	100.0

表2　加賀藩の新田高の推移　（出典）木越［2000］をもとに、武井［2015］が作成した表を一部改訂。

すると（表1）、一七世紀を通じて、いずれの項目も大きな伸びを示していることが分かる。一方、一八世紀に入ると伸びが鈍化していたことが分かる。

加賀藩領でも、江戸時代を通じて開発された新田《しんでん》の内、八三％が一七世紀に開発されたものであったことが分かる（表2）。ここでもやはり、一七世紀の農地拡大、一八世紀以降の停滞という流れを読み取ることができる。

人口も生産力も順調に伸びた一七世紀に最も生産量が増えた財は、もちろん米である。先に見た複数の要因と相まって、大量の米が国内市場に出回るようになり、それを成長著しい大坂市場が受け止め、伸び続ける人口がそれを消費した、という全体像がここから浮かび上がってくる。

諸大名が領民に粛々と米を作らせて大坂に運ぶという、いわばシンプルな経済構造は、鎖国体制の確立、大坂市場の物理的基盤の整備、幣制の統一、全国規模での農地開発などの要因が複合的に作用して、一七世紀中後期を通じて確立されたものであった。「天下の台所」大坂は、決して商人だけの力で作り出されたものではなかったのだ。

第二章　大坂米市の誕生

米市の発生

大坂が中央市場としての実質を備えていくなかで、米市も形成されていった。当然、そこで取引されたのは諸大名が国元から大坂へ廻送した米であり、それらは各大名の商業拠点となりつつあった蔵屋敷を通じて販売された。

大坂における米市の起源は、さまざまな史料に記されているが、いずれも戦国期以来の豪商、淀屋《よどや》辰五郎《たつごろう》の店先に商人が集まり、自然発生的に米市が開かれたことを起源としている。淀屋の店は、淀屋橋南詰《みなみづめ》にあったと考えられており、現在も米市発祥の地であることを記念した碑が残されている（図2）。

米市が生まれた時期については正確な所伝を欠くが、以下に示す承応三（一六五四）年三月に江戸幕府が大坂で出した触書《ふれがき》（以下、町触《まちぶれ》ないし大坂町触と表記、大坂市中を対象に発令された指示・法令の総称）によれば、遅くともこの年までには米市が形成されていたと見なしてよい。

【現代語訳】

一、大坂で米仲買をする者の内、諸大名の蔵屋敷から米を買い、代銀の三分の一を支払い、手形を貰い受け、期日はあるとはいえども、その期日を延ばして手形を転々と売買することにより、米価を高値にしている者がいる。この売買は先年にはなかったことで、近年になって米仲買の者たちが始めたことである。とりわけ大坂だけでこうした商売が見られるので、これを禁ずる。〔中略〕

一、諸大名の蔵屋敷にない米について、三分の一の敷銀《しきぎん》を受け取ってまず手形を発売し、事後的に大坂へ米を廻送している者達もいると、下々の者が申しているそうである。

図2 「淀屋の碑」（出典）筆者撮影

【史料原文】

一、米中買候《そうろう》もの、蔵元の米を買い、三分一ほどの代銀を出し、もちろん日切の約束はこれあるといえども、その日切を延ばし、手形を順々に売り候について、米の直《ね》（値）段《だん》高直になし

〔候〕、この売買先年はこれなく候、近年中買の者しだし、なかんずく大坂ばかりにての商売候ゆえ、法度申しつけ候こと〔中略〕

一、蔵元にこれなき米を、まず手形を売り渡し、三分一敷銀を〔取り〕、つれづれに米を差しのぼせられ候かたがたもこれあるように、下々申すよしに候（『大阪市史 第三』）

「米市」と聞いて、米俵を取引する市場を連想された読者もいるかもしれないが、ここではすでに手形で売買がなされている。大名が国元から廻送した年貢米を蔵屋敷から落札し、その代銀（＝代金）の三分の一を支払うと手形が発行される。これに残りの金額（残代銀）を添えて蔵屋敷に提出すれば、米と引き替えることができたわけだが、落札者はこの手形を第三者に転売していた。右には掲示しなかったが、同じ町触に「一枚の手形、一日の内に十人の手に渡り」との文言もあり、取引が活発になされた様子をうかがわせる。

こうした取引について、大坂町奉行所は「先年はこれなく候」としているから、ちょうどこのころ、一七世紀半ばごろに始まったと考えてよい。さらに興味深いのは、右に掲げた第二条が示す通り、米がないにもかかわらず、手形が発行されることもあったことである。諸大名が、米が廻送される前に、米手形を発行して資金を前借りしようとしていたことは明らかだ。

このように大坂の米市は、ごく初期の段階から、米そのものを売買する市場ではなくなり、手形で売買する市場になっていた。それのみならず、米手形は実際に在庫されている米の量以上に発行されていた。大坂の米市は早くから単なる米の販売市場にとどまらず、将来の収入を引き当てにして諸大名が資金調達をする金融市場としても機能していたのである。

右の町触は、大坂米市について江戸幕府が出した、現時点では最も古いと考えられているものである。そこにおいてもすでに、米俵と米俵を交換するような純然たる米市からの脱皮が確認されてしまうところが、江戸時代の大坂経済の面白さである。

商品・現金のやりとりを避け、手形（切手）での決済を好むのは、大坂をはじめとする上方商人の特質と言われている。例えば、明治政府が行った商業慣例調査においても、現金の授受による決済が支配的であった江戸とは対照的に、京・大坂では手形での決済が一般的であったことが報告されている（作道［一九六一］）。右の町触からすれば、こうした傾向は江戸時代初期から見られるものであったことが分かる。

手形取引の功罪

米取引市場の形態をとりながら、大坂米市が金融市場としての働きも持つに至った最大の要因は手形である。米の保管場所を気にしなくて済む手形での売買だからこそ売買が容易に行われ、蔵にない米の取引を行うことも可能となる。

先に掲げた町触によれば、江戸幕府は、米価を高値にするものであるとして、この手形取引を禁止している。本当に米を必要としていないにもかかわらず、米手形を入手して転売することで利益を得ようとする人々のせいで、本当に米を必要としている人が不当に高い価格を支払わされている。こうした状況認識の下、転売を容易にさせている手形取引をやめさせるべきだと考えたのだ。

筆者がこの原稿を書いている時点で、有名アーティストのコンサートチケットがインターネットオークションなどを通じて転売され、価格がつり上がっていることが問題となっている。コンサートに行く気もない人たちのせいで、本当にコンサートに行きたい人が不当に高い価格を支払わされるのはおかしいと非難する人もいれば、売り手と買い手が合意している以上、資本主義経済の下では当然の行為だとして問題視しない人もいる。

だが資本主義経済とはそういうものだと言ってしまったら、そこで思考は停止してしまう。やはり本当にコンサートに行きたい人の手元に、コンサートチケットを適正な価格で届けるにはどうしたらいいか、知恵を絞って考えることが重要だ。

一つの解決策は、チケットを主催者から購入した人と、コンサート会場を訪れた人が一致しなければならないとすることである。言い換えれば、コンサートチケットの譲渡性を否定するということだが、江戸幕府の対策は、まさにそれであった。
しかし、結論から言えば手形取引はなくならなかった。商人にとっても、そして大名にとっても都合がいい手形取引を停止することはそれほどむずかしかったのだ。

米切手の誕生

江戸幕府は手形取引をやめさせることがむずかしいと見るや、手形と米との交換期限を短く設定することで、手形が流通する期間を短くする戦略に出た。コンサートチケットの例で言えば、コンサートの開催日とチケット発売日の間隔を短くする戦略である。米手形とは、米の代銀の一部を支払うことによって発行された言わば米の引換券だから、江戸幕府は残代銀を支払って米手形と米を交換する期限(米の蔵出し期限)を、米手形の発行から三〇日以内(万治三〈一六六〇〉年)、後に一〇日以内(寛文三〈一六六三〉年)とすることで、米手形売買の抑制を図ったのだ。

この政策により、残代銀は期限内に支払われるようになったものの、全代銀完納証としての米手形が発行され、これが流通するようになったため、米の蔵出しが先延ばしにされたこと自体に変化はなかった。この代銀完納証としての米手形が、後に見る米切手となり、以後幕末まで盛んに取引されることになる。米手形から米切手への呼称変化は、享保期（一七一六〜三五）に進んだとされるが（作道［一九六一］）、本書では以下、米切手に呼称を統一する。

米の売買をする商人にとって、手軽に売買できる米切手は便利だし、発行する大名にとっても、代銀を全額支払ってもらえさえすれば、あとはどれだけ長く米切手が売買されても問題はない。むしろ在庫米の量以上に米切手を発行している場合には、米との交換がなされずに、米切手のまま長く売買してもらった方が助かったはずである。

先物取引の誕生

米代銀の一部を支払うことで発行される米の引換券（＝米手形）が売買される段階から、米の代銀を全額支払った後に発行される米の引換券（＝米切手）が売買される段階へと移行していくのとほぼ並行して、ある画期的な取引方法が考案された。後に帳合米商《ちょうあいまいあきな》いと呼ばれることになる、一種の先物取引である。

大坂で帳合米商いが生まれたのは、一七世紀の末ごろと考えられている。これが生まれた理由は、自由自在に米を売り買いできた方が便利だったから、ということらしい。伝聞調で書かざるを得ないのは、帳合米商いの発生を説明する史料が乏しく、後世から振り返って書かれたものばかりだからであり、かつ、そのいずれも記載内容が簡素であることによる。ひとまずその内容を土台として、後に堂島米市場で行われた帳合米商いを参考にしながら筆者が考えた数値例によって紹介を試みたい。後世の姿によって補う以上、以下の説明が成立初期の姿と一致している保証はないが、大きく外れてはいないと考えている。

今、あなたが米切手を一枚持っていたとする。現在の市場価値は六〇〇匁《もんめ》であるとしよう。匁とは、大坂をはじめとする上方で用いられた価値尺度だが、ここでは円と読み替えても理解に差し支えはない。

今年は思いのほか大坂に送られてくる米の量が多かったので、あなたはこの米切手が値下がりするのではないかと懸念している。あなたはこの米切手を六〇〇匁から、そう下がらないうちに売り抜けたい。しかし、他の人々も同じことを考えているので、なかなか買い手が見つからず、時間ばかりが過ぎてしまう。そして米価は見る見る下がっていく。

米切手の取引は、現金と米切手の交換によってなされるので、相応の元手金がなければ、この市場に参加することはできない。取引参加者がそもそも限られているのである。後世の米切手であれば、一枚あたり一〇石（＝約一・五トン）もの米との交換を約束する証券である。一七世紀末ごろも同じだったとすれば、とても素人が簡単に手出しできる取引ではなかった。

売りたい時に売れない、あるいは買いたい時に買えない状態を、当時の人々は「手《て》狭《ぜま》」と表現している。「手狭」は大坂商人が嫌った言葉で、その対義語が「手広《てびろ》」である。米切手と現金を必ず交換しなければならないから、取引相手が自ずと限られ、「手狭」になってしまう。ならば、現金と米切手をやりとりすることなく、自由自在に売りと買いの約束を取り交わすことのできる取引があればよいのではないか。この発想が、帳合米商いの原点である。

とはいえ、現金と米切手の交換を伴うことなく、売りと買いの約束だけを交わすとしても、いつかは現金と米切手の交換をしなければならないのではないか。そう考えるのが当然だが、大坂米商人の発想はここからさらに飛び抜ける。売り（買い）の約束を結んでいたのならば、その反対の買い（売り）の約束を結ぶことで相殺《そうさい》できるではないか、現金と米切手をやりとりする必要などそもそもないではないか、そう考えたのである。

この発想を、先程の数値例に戻って説明しよう。今、あなたが持っている米切手は一枚あたり一〇石の米との交換が約束されているもので、六〇〇匁の価値を持っているが、値下がりの懸念がある。あなたはこの米切手を手放したいが、なかなか買い手が見つからない。そこであなたは「代表米」なる銘柄について、これを一〇石分、六〇〇匁で売る約束を市場で結ぶ。この「代表米」は、米切手の価値と連動してはいるものの、実体のある米ではないので、売る約束をしても、何かを誰かに渡さなければならないわけではない。渡そうにも実体がないのだからそもそも渡しようもないし、この時点では現金六〇〇匁を受け取ることもない。ただ「代表米」一〇石を六〇〇匁で売る、そう約束しただけである。

さて、この「代表米」取引には最終日が設定されている。あなたは最終日までに、「代表米」一〇石を買い戻す約束を交わして、先に取り交わした売りの約束と必ず相殺しなければならない。あなたが買い戻そうと思い立った日に、米切手の価値は五五〇匁となっており、「代表米」も五五〇匁で取引されていたとしよう。あなたは先に六〇〇匁で売っていた「代表米」を、五五〇匁で買い戻すわけだから、五〇匁の利益を得る。このときにはじめて現金が動くわけだが、「代表米」なるものをやりとりするわけではない。もちろん米切手も動かない。売った時点と買い戻した時点の価格差である五〇匁がやりとりされるのみである。

「代表米」を高く売って安く買い戻したことにより、あなたは五〇匁の利得を手にしたが、その一方で、元々持っていた米切手は五〇匁だけ価値が目減りしている。もちろん、これを実際に手放すまでは「含み損」ということだが、あなたは「代表米」取引によって、この五〇匁の含み損を打ち消すことに成功した。つまり、帳簿上だけで売りと買いを相殺するというこの「代表米」取引によって、あなたは値下がりの懸念される米切手を売りたくても売れない状態から抜け出し、値下がりによる損失を打ち消すことに成功したのだ。

この取引が、後に帳合米商いと呼ばれ、大坂米市場を特徴づける先物取引として発展する。帳簿上だけで売りと買いを突き合わせるから「帳合米」と呼ばれるようになったのである。

大坂で帳合米商いが生まれた理由について、自由自在に米を売り買いできた方が便利だったからだと述べたことを思い出して欲しい。取引を始める時点では、現金も米切手も持っている必要がなく、さらには決済も、売った（買った）時点と買い戻した（売り埋めた）時点の価格差（「差金《さきん》」という）のみを授受することによって完了する帳合米商いは、米切手取引よりも少ない元手で参加することができるため、より多くの参加者を引きつけ、自由自在に売買することを可能にしたのである。

清算機関の誕生

さて、このようにして自由自在に売買が組めるようになったのはよいとしても、次に問題になるのは決済である。差金のみのやりとりとはいえ、売りと買いが複雑に飛び交うなか、決済はどのように行われたのだろうか。この点を確認するために、初期の帳合米商いについて触れた史料を読んでみたい。作成者も作成年代も分からないが、現時点では最も詳しい史料なので、ひとまず読んでみる。

【現代語訳】

正徳・享保の初年頃（筆者註：一七一〇年代）、〔中略〕大坂に備前屋権兵衛、柴屋長左衛門という米商人がいて、手狭ではない売買を活発に行うためとして、立物米《たてものまい》（筆者註：先の例で言う「代表米」）という名目を立て、米商人同士で相談して満期日を定め、延べ売り・延べ買いということを始めた。これが今の帳合米商いの起源である。〔中略〕延べ売り・延べ買いの決済は一対一の相対で行ってきたけれども、おいおい人数が増えてくるにしたがって、相対で決済することがむずかしくなってきた。そこで支配人という者を設け、賃金を支払って決済の管理をさせれば都合がよかろうということで、再び米商人同士で相談し、支配人という役職が生まれた。これが今の遣来両替《やりくりりようがえ》である。

【史料原文】（振り仮名は原文に付されているものを適宜取捨した）

正徳・享保の始年、〔中略〕大坂に備前屋権兵衛、柴屋長左衛門という米商人あり、手狭にこれなき売買賑いのためとして、建物米という名目を立て置き、米商の者相談の上、限日を相極め、右延着日限までの延べ売り・延べ買いという事を相始む、これ今の帳合商の権輿《はじまり》なり〔中略〕振合相対にて限月までには済まし来り候えども、追々人数相増し候につき、振合相対にては難済、これによって支配人と申す者を相定め、賃銀をもって支配致させ候わば、埒合いよろしくこれあるべくとて、又々相談に及ばれ、支配人出来致し候、只今の遣来《やりくり》両替屋なり（「米商旧記《こめしょうきゅうき》」）

前半部分に書かれていることが、先に説明した内容である。備前屋、柴屋がどのような商人だったのかは不詳だが、手狭ではない売買のために、立物米という名目が設けられたとある。立物とは（建物とも書かれる）、中心となる人物や役者を指す言葉であり、意味合いとしては、先に示したように「代表米」である。

後半部分で決済について触れている。すなわち、立物米の決済は、先に説明した通り、売りと買いを相殺する形で行うが、参加者が取引のたびに一対一で行っていたのでは大変なので、支配人という役職を設け、この支配人に決済を統括させるようになったとある。

先の例では、「代表米」一〇石を六〇〇匁で売り、それを五五〇匁で買い戻したわけだが、当然相手が必要となる。しかし、この取引だけを行うなら話は簡単だが、複雑に売りと買いを組み合わせるならばどうだろう。また市場に無数の人々が集まって取引を行っていたとすればどうだろう。ここで、またも大坂商人の発想は飛び抜ける。

売買の情報を支配人の所に集約し、そこで集中的に決済を行えばよいと考えたのである。これが後に「古米場《こまいば》（消合場《けしあいば》）」と呼ばれる清算機関へと発展する。この古米場に集まって決済を担当したのが、米方両替《こめかた》（遣来両替《やりくり》）と呼ばれた商人であり、現代で言う清算会員である。

取引とは一対一で行うもの、そして商品と代金を受け渡しするもの、という発想にとらわれなかったことで、大坂米商人は売りたい時に売れる、買いたい時に買える市場を創り出すことに成功した。現代の言葉を用いるならば、流動性の高い市場を創ることに成功したのである。

立物米取引は商品先物取引にあらず

以上に見てきた大坂の立物米取引（後の帳合米商い）の成立過程に、先物取引に馴染みのある読者ならば驚きをもって接しているかも知れない。大坂の帳合米商いは、商品先物取引（Commodity Futures）として始まったのではないのである。現代における一般的な商品先物取引の場合、売りと買いを相殺して決済することがほとんどとはいえ、満期日には実物をやりとりすることも可能である。これに対して、大坂の帳合米商いは、実物の受け渡しを想定していない。だからこそ帳合米と呼ばれたのである。

大坂で生み出された帳合米商いは、商品先物取引というよりも、日経２２５先物やＴＯＰＩＸ先物のような株価指数先物取引に近い構造を持っている。日経２２５先物を、満期日まで買持ちしても「日経２２５」なる物体が手に入るわけではないのと同じく、立物米を満期日まで買持ちしていても、立物米が手に入るわけではない。あくまでも反対売買によって満期日までに相殺されること（江戸時代も、そして現在も、これを「手仕舞《てじま》う」という）が前提とされているのである。

先物取引について解説する本をひもとくと、多くの場合、価格変動のリスクを回避するための先渡契約（Forward）が、先物取引（Futures）へと発展する過程を説明している（ダフィー［一九九四］など）。シカゴ商品取引所（Chicago Board of Trade、ＣＢＯＴ、一八四八年設立）は、まさしくこの過程を経て形成された先物取引市場と言われているが（Lambert［二〇一一］）、大坂米市場の場合は異なる。商品をやりとりすることすら想定されず、取引の流動性を高めるため、当時の言葉で言えば「手狭」ではない売買のために、先物取引が発案されたのである。

もちろん江戸時代の人々も、先物取引が価格変動リスクを回避する手段として有効であることは知っていた。スポット市場と先物市場をまたいで取引を行うことによって価格変動リスクを回避する方法は、当時「売買つなぎ商《あきな》い」（売りと買いを繋ぐ商い、の意）と呼ばれ、広く知られていた。現代ではクロスヘッジと呼ばれる手法である。

シカゴ市場と大坂米市場は、価格変動リスクを回避するために流動性の高い取引（先物取引）を生み出した点では共通しているが、その発展経路が異なるため、大坂では現物の受け渡しを前提としない先物取引が一般化したのである。

なお、本書冒頭でも紹介した通り、世界に先駆けて先物取引を組織的に行った市場として大坂米市場が取り上げられることもある（Melamed and Tamarkin［一九九六］、Melamed［二〇〇九］、Moss and Kingtgen［二〇一〇］など）。しかし、何をもって世界初とするかは論者によって見解の相違があるし（Gelderblom and Jonker［二〇〇五］）、先物取引の発想それ自体は古代社会から見られるものでもある（ダフィー［一九九四］）。

現物のやりとりを想定しない、反対売買による差金決済のみを想定した指数先物取引市場の先駆であると言うならば、あながち間違いではないかもしれないが、「世界初」であることの厳密な証明はむずかしい。

本質的に重要なことは、同時代の他国市場、例えばシカゴ商品取引所などと比較しても、江戸時代の大坂米市場がきわめて洗練された取引制度を備えた市場であったこと（第四章・第五章で詳述する）、そしてそれが、各種の教科書を通じて世界的に共有されているという事実である。

実物をやりとりしない取引は賭博？

話を立物米取引の起源に戻そう。三九頁で示した史料は、立物米取引が始まった時期を、一八世紀初頭としているが、もう少し遡ることができるかもしれない。

元禄一〇（一六九七）年一月の大坂町触では、「米俵のやりとりもせず、口頭で売買を行うか、あるいは俵数を書いた紙面だけを売買し、さらにこれを質に入れるなど、博打同然の商売をしている者がいる（原文：俵物とりやりはこれなく、口上にて売買致し、あるいは俵数の書付ばかりを商売致し、または質に取り、博奕同前の商いを致し候ものこれあり）」とした上で、これらを「不実なる売買」として、死罪もしくは牢舎の対象としている（『大阪市史　第三』）。

ここでいう「俵数の書付」とは先に見た米手形を指すと考えられ、米俵のやりとりをせずに口頭のみで売買を行う行為は、上述の立物米取引と発想を同じくしている。少なくとも、帳簿上で売りと買いを相殺させ、取引対象物の移転を省略する取引そのものは、一七世紀末の段階ですでに生まれていたことが分かる。したがって、支配人による集中決済が導入された時期も、より早い段階に求めるべきかも知れないが、ひとまず一七世紀末から一八世紀初頭にかけて、帳簿上で売りと買いを相殺し、支配人の下で集中的に決済を行う取引市場が形成されていった、そう考えてよいだろう。

いまひとつ注目したいのは、江戸幕府の姿勢である。先に米手形取引を禁止した際には、米価高騰につながるからという理由で禁令が出されたわけだが（二八頁）、ここでは米価についての言及はない。商品をやりとりしない帳簿上だけの売買、あるいは「紙面」のみを転々と売買する行為は「不実」であり、博打同然である、という理由で禁じているのである。

それがなぜ、一転して認めるに至ったのだろうか。次章では、そこに至る経緯を見ていこう。

第三章　堂島米市場の成立

米取引をめぐる紛争

一七世紀中期から後期にかけて、米切手取引や先物取引が生み出され、徐々に諸大名の米を集めるようになった大坂市場。だが、江戸幕府は積極的に保護したわけではなく、どちらかと言えば抑圧的な姿勢で臨んでいた。米手形取引の禁止、米の蔵出し期限の短縮、帳簿上だけの米取引の禁止など、米市場の変質、拡大に対して、警戒心を持っていたと見るべきである。

ここでひとつの疑問が生じる。市場が拡大し、取引が活発になればなるほど、取引を巡る紛争が増えてしかるべきである。江戸幕府が米切手取引を保護しなかったとしたら、そこで紛争が生じた場合、どうやって解決されたのだろうか。この点に関連して、井原西鶴《いはらさいかく》が、貞享五（一六八八）年に出版された『日本永代蔵《にほんえいたいぐら》』において、大坂米市に関する興味深い観察を示している。

【現代語訳】

総じて北浜の米市は、日本第一の市場であるので、一刻の間に五万貫の商いが行われることもある。取引される米は蔵の前に山のように積まれ、夕の嵐、朝の雨などの日和を分析し、雲の立ち所を考え、夜のうちに見込みを立てて、売る人もいれば買う人もいる。銀一分、二分を争って人が山をなし、互いに顔を見知っている相手であれば、千石、万石もの米を売買しているのに、両人が手打ちをすれば、少しも約束を違うことがない。

【史料原文】（振り仮名は原文に付されているものを適宜取捨した）

惣じて、北浜の米市は、日本第一の津なればこそ、一刻の間に、五万貫目の、たてり商も有事なり。その米は、蔵々に、やまをかさね。夕《ゆうべ》の嵐、朝《あした》の雨、日和を見合《みあわせ》、雲の立所《たち》をかんがえ。夜《よ》のうちの思い入にて、売人有《うるひとあり》、買《かう》人有。壱分、弐分をあらそい。人の山をなし、互に面《おもて》を見しりたる人には。千石、万石の米をも、売買せしに。両人、手打て後は、少《すこし》も、是に相違なかりき。（『日本永代蔵』二五頁）

千石、万石の取引が行われているのに、手打ちだけで契約が成立し、しかもそれが着実に履行されることを、西鶴は驚きをもって伝えている。しかし、ただ驚いていたわけではない。「互に面を見しりたる人には」、つまり互いに顔を見知っている場合には、という条件がついていることを西鶴は冷静に見抜いている。

西鶴の観察から少し時代がさかのぼるが、承応元（一六五二）年八月に大坂町奉行が出した町触によれば、大坂在番の武士の俸禄米売買について紛争が絶えないとしている（『大阪市史 第三』）。その理由について町奉行は、相手を「不吟味にいたし」、つまり相手の属性をよくわきまえずに取引が行われていること、さらに「米屋にてもこれなき者」が市場で取引を行っていたことによると説明している。

互いに顔を見知っていれば、手打ちのみで千石、万石の商いができる一方で、「不吟味」に取引を行った場合には紛争が生じることもあり得た。豪気な大坂商人の世界にあっても、顔を見知っているか否かという点は、重要な事柄だったのである。

顔見知りの内部で取引が完結していれば、裏切られる心配も少ない。しかし、取引の範囲が狭められてしまうことは避けられない。いわゆる「一見《いちげん》さんお断り」の世界では、新規参入も起こりにくいし、市場規模も制約されてしまう。もちろん、顔ぶれを固定することによって、構成員の結束力、組織への忠誠心を高めることが望ましい場合もある。しかし、取引量を拡大させようと思うなら、誰とでも安心して取引ができる状態を作り出すことが必要である。

江戸時代の大坂米市で言えば、江戸幕府が米市の存在を公認し、そこでの取引の安全性を保障することが望ましかったが、一七世紀段階において、江戸幕府にその役割を期待することはできなかった。

「不実」な商いの容認

この状況が変化するのが享保期（一七一六〜三五）である。江戸幕府は、享保七（一七二二）年には、上限を一〇〇〇石としつつも「延売買」、すなわち米俵のやりとりを行わない帳簿上の取引を容認する方針を示し、享保八（一七二三）年九月から翌年二月にかけて、さらなる緩和を行っている。次に掲げる史料は、江戸から上方に向けて出された指示である。

【現代語訳】

以下は、京・大坂へ通達する内容である。京・大坂において行われている不実の米商売の件であるが、米価が下落している時は、細かく吟味をする必要はない。もっとも、米価が高くなった場合には、以前のように取り締まりを行うので、そのように取りはからうようにと、昨年九月に通達しておいた。しかし、今もなお米価は低いままで、人々が難儀をしているとのことであるから、不実商いについては、いよいよ取り締まりを緩めるべき旨を現地の町奉行（筆者註：京都町奉行・大坂町奉行）へ伝えるように。

【史料原文】

京、大坂へ相達し候趣
其地において、不実の米商売の儀、米下直に候節、細に吟味致さず候えてしかるべく候、もっとも、米直段格別高直に候時分は、最前のごとく吟味これあるべく儀候間、右の通り取りはからい申すべき旨、去年九月中相達し候、今もって米直段下直につき、諸人かえって難儀致し候よしにて、不実商の儀、いよいよ吟味強くこれなきよう相心得申すべき旨、その地町奉行へ申し聞けらるべく候
〔享保九年〕二月（『御触書寛保集成』）

右の指示は享保九年二月に出されたものだが、享保八年九月にも同様の指示がなされた旨が記されている。つまり、江戸幕府は五ヵ月の間に二度にわたって同趣旨の指示を京・大坂の町奉行に対して行ったことになるわけだが、これらが町触の形で大坂市中に触れ出されたことは確認できない。

市場参加者が、享保七（一七二二）年の暮に、不実の商いが一〇〇〇石限定で認められるらしいと「風聞」していたとの記録が残っていることからも（「米商旧記」）、享保七年から九年二月に至る緩和策は、町触として公に指示されたのではなく、あくまでも幕府内部

での申し合わせ事項であったと考えられる（拙著［二〇一二］では、これを町触であったかのように叙述している。ここに訂正しておきたい）。

公表はされなかったにせよ、米価が下落している時には「不実の米商売」を強く規制する必要はないと政策当局が指示したこと、そしてそれが大坂の市場参加者にも取沙汰されていたことは、大きな変化である。ここでいう「不実の米商売」が、具体的に何を指しているのかについて、特に説明はないが、これまで江戸幕府が出してきた町触に照らせば、米切手を転々売買したり、質に入れたりする行為、そして帳簿上だけで決済する取引を指していると考えられる。また、京都も対象に含めていることからすれば、大坂で始まった取引方法が、このころには京都にも伝播していたと考えてよい。

もっとも、米価が上昇してきたら再び取り締まるとも伝えているため、不実の商いを全面的に認めたわけではなかった。右の指示を出した一ヵ月後、享保九（一七二四）年三月に大坂市中の大半、四〇八町を焼く大火災（妙知焼《みょうちやけ》）が発生し、同年七月には米手形売買を禁じる町触を出している（「米商旧記」）。

このように、米価が低調に推移している限りにおいて不実の商いを黙認する、というのが江戸幕府の内々の方針であったが、これまで死罪の可能性を示してまで取り締まろうとしていた取引を、消極的ながら容認するに至ったことは大きな変化である。この変化をもたらしたのが、米価下落という状況であった。

享保期の米価低落

享保期の大坂米価の推移を確認すると、江戸幕府が不実の商いについて緩和する姿勢を示した享保七（一七二二）年から享保九（一七二四）年にかけての期間は米価が四〇匁前後を推移していたことが分かる（図3）。この時点における江戸幕府が、具体的にどのぐらいの米価水準を理想としていたのかは不明だが、不実の商いに対する態度を変えざるを得ない程の危機的状況であったことは確かである。

より正確に述べると、当時の政策当局を最も悩ませていた問題は、米価の絶対水準の下落というよりも、米価が他の物価と比べて相対的に低い状態が続いたことであった。米価以外の連続的な価格データを欠くため、数値によって明瞭に確認できないのが残念だが、断片的なデータによって検証した結果は、米価の他の財価格に対する相対的下落を裏づけている（大石［一九九八］）。

米を市場で現金に換え、その現金で財政支出を賄《まかな》っていた江戸幕府や大名などの領主階級にとって、米価が下がることは歳入の目減りを意味し、さらに諸物価が上昇することは支出の増大を意味した。米価が他の財の価格に比べて低い状況は、領主財政にとっては看

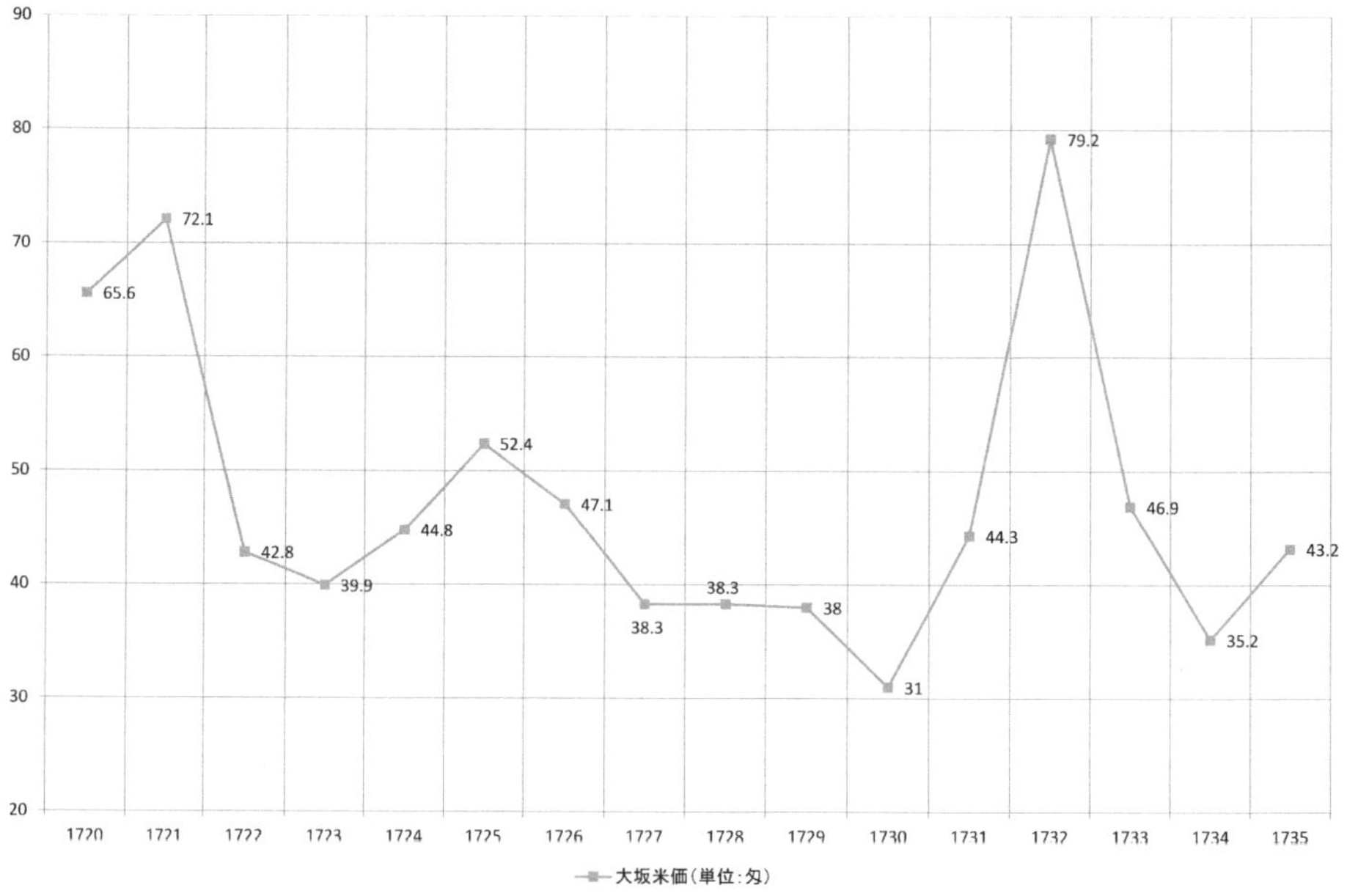

図3　堂島米市場認可前後における大坂米価（1720-35、1石あたり銀匁）（出典）岩橋［1981］付表1より作成

過できない問題だったのである。

憂慮した江戸幕府は、先に見たように享保九（一七二四）年二月、京・大坂の町奉行に対して、不実の商いについて緩和指示を出すと同時に、全国を対象に、諸物価を米価水準に合わせて低廉に抑えるべき旨を触れ出している（『御触書寛保集成』）。米価を上昇させるためには、取引需要を喚起する必要がある。そう考えた江戸幕府の苦肉の策こそ、不実の米商売を黙認することであった。

享保期の米余り

ではなぜ享保期に至って米価下落の問題が浮上したのだろうか。これまでの研究では、開発の一七世紀に耕地が徹底的に開発された結果としての米供給量の増大と、人口成長に歯止めがかかったことによる需要減退にその原因が求められてきたが（原田・宮本［一九八五］）、ここに気象条件も加える必要があるかもしれない。

現在、総合地球環境学研究所（京都市）では、古気候学と歴史学・考古学の連携によって、気候変動に対して社会がどのように対応してきたのかを探る研究プロジェクトが進められている（「高分解能古気候学と歴史・考古学の連携による気候変動に強い社会システムの探索」）。筆者もプロジェクトメンバーの一人として、江戸時代の気候変動と諸物価の関係について、目下分析を進めているところだが、ここで関心のある享保期については、東アジアの夏季における平均気温が高かったことが分かっている。

江戸時代の日本で大規模な凶作が発生した年には、東アジアの夏季平均気温が低位に推移していたことが確認されている。だが、享保期はその逆であったことから(中塚[二〇一六])、米作にとって中立的か、あるいは望ましい気象条件が持続したと考えられる。

この東アジアの夏季平均気温が、はたしてどれだけ日本列島、とりわけ穀倉地帯の気象を代表しているのかについては検討の余地があるが、開発の一七世紀において、もはや拡大の余地がないほどに農地開発が進められていた上に(武井[二〇一五])、温暖な、米作にとって望ましい気候条件が重なっていたとすれば、米の生産量が拡大し、他の財に対する相対的な価格が下落することは避けられない。

なお、前掲図3を見ると、享保一七(一七三二)年の米価だけが突出して高いことが分かる。これは、西日本を襲った虫害によるもので、冷害によるものではない。中国・四国・九州地方を中心に夥しい餓死者が出るなか、江戸幕府は全国の大名に大坂への廻米を増やすことを指示したり、虫害の被害を受けていなかった仙台藩から米を買い上げて救済米に充てたりするなど、対策に追われた(菊池[二〇〇一])。

ここで注目したいのは、一連の過程で仙台藩が五〇万両もの莫大な利益を得たとされていることである。これは享保一六（一七三一）年、同一七年の仙台藩領における豊作と、西日本を襲った虫害による米価の高騰が同時に起こって生み出された利益だが、仙台藩領の豊作をもたらした一因として、日本の東北地方も含む、東アジア地域の夏季平均気温が高位に推移した可能性を挙げることができる。

享保一七年飢饉によっていったんは高騰した米価が、翌年には飢饉前の低水準に落ち込んでいることが示している通り（図3）、この時期の米価安は構造的な問題であった。大開発の時代が終わり、耕地拡大も人口成長も止まった一八世紀初頭には、気象条件も相まってか、深刻な米余りの状況に直面していたのである。

堂島米市場の「公認」

享保七（一七二二）年から享保九（一七二四）年にかけて、「不実の米商売」を緩和する姿勢を示して米価上昇を期待した江戸幕府であったが、これまで見てきたように、一向に米価が上昇する兆しは見えなかった。

そこでついに江戸幕府は、大坂における米取引について決断を下す。一般的に堂島米市場を公認した町触として知られる、享保一五（一七三〇）年八月の町触が出されたのである（抜粋して以下に掲示）。

【現代語訳】

大坂における米取引について、昔からのやり方で、諸国の商人や大坂米仲買が「流れ相場商い」を勝手に行ってよい。米方両替（筆者註：帳合米商いの清算を担当する両替）についても、これまで清算を行ってきた五〇軒余が、今後も引き続いて担当し、取引の内容に応じて敷銀や差金の勘定を、前々の通りに行うこと。随分と手広に取引し、少しでも米商売の妨げになるようなことがないようにすべきである。つまるところは、米相場が宜《よろ》しくなるためのことであるので、その趣旨をもって思うままに取引をすべきこと。〔中略〕米取引についての訴訟や願い事は、これまでの通り受け付けないが、異例のことが生じた場合はその限りではない。仲買どもは皆、自分一人の思惑でもって、みだりに仲買仲間を騒がせるようなことはないようにすべきである。

【史料原文】

大坂米商いの儀、古来致し来たり候通りの仕方をもって、流れ相場商い、諸国商人ならびに大坂中買ども、勝手次第仕るべく候、両替屋の儀も、有り来たり候五十軒余の両替屋どもこれを取り計い、相対次第、敷銀そのほか相場差し引き勘定等の儀、前々の通り商い致し、随分手広に仕り、少しにても米商いの障になり候儀これなき様に致すべく候、畢竟《ひっきょう》米相場宜しくなり候ための事候間、その趣をもって、心次第商い仕るべく候〔中略〕右米商いの儀についての公事・訴訟、古来の通り取り上げず候、しかれどもありきたるほか不埒の儀これあるにおいては格別候、すべて仲買共自分の意趣をもって、みだりに中買仲ケ間騒しき儀これなき様に仕るべく候（『御触書寛保集成』）

これまで行われてきた「流れ相場商い」を、今後も手広く行うようにとしている。この「流れ相場商い」を、先物取引と解釈する研究もあるが、一ヵ所に米仲買が集まって流動的に取引を行うことを指している可能性もあるため、ここでは解釈を留保する。ともあれ、この町触の意味するところは、これまで大坂で行われてきた取引を容認するというもので、不実の米商売とされてきた米切手取引と、帳簿上だけで売買を行う取引について、「勝手次第」とされたことが分かる。

しかし、江戸幕府は重要なことを付け加えている。「つまるところは、米相場が宜しくなるため（原文：畢竟米相場宜しくなり候ため）」の処置である、との一文である。手広く売買をしても構わないが、それは米相場を適切な水準に保つための処置であり、それをわきまえた上で取引を行うように、と釘を刺しているのである。

この時点では米価を上げることが念頭にあったことは明白だが、米相場が「宜しくなる」という文言を選択している点に、江戸幕府の狙いを読み取ることができる。すなわち、米価を上げる、あるいは米価を下げる、いずれの方向であったとしても、米価を望ましい水準に調整する手段として市場が位置づけられている。この目的に適合する限りにおいて市場の存在が容認されているということは、以後の堂島米市場と江戸幕府の関係を考える上で重要な要素であるため、ここでしっかりと押さえておきたい。

続いて、町触の後段に目を移したい。多くの研究が、この町触をもって堂島米市場が公認されたものと見なし、堂島米市場の起源を享保一五（一七三〇）年としている。町触の文言に、堂島の地名は出てこないが、淀屋橋南詰で始まった大坂米市は、この時期までには堂島に移転しており（後述）、堂島米市場における米取引を公認したものと見なすことができる。問題は、この町触があくまでも「勝手次第＝勝手に取引をして構わない」と伝えているに過ぎないことである。

もちろん、勝手に取引をしてよいと伝えることも、広い意味では公認であるし、これまで死罪の可能性を示してまで禁止してきた取引を、米価水準とは関わりなく容認したことは十分に画期的である。しかし、町触の後段において、米取引についての訴訟や願い事は、これまで通り受け付けないとしている点をやはり看過すべきではない。

江戸幕府は、これまで通り取引をしてもよいが、そこで紛争が生じても、また何からの願い事があっても、よほどのことでない限りはこれを受け付けないとしている。つまり、この段階では勝手に行ってよい（勝手次第）とされたのみであって、江戸幕府が取引の安全性を担保する市場となったわけではなく、あくまでも米価調整の道具として、その存在が容認されたに過ぎなかったのである。

天下御免の米相場へ

ところが、大坂東町奉行所の与力、八田五郎左衛門《はったごろうざえもん》が一八世紀の中頃にまとめたと考えられている「吟味役手留《ぎんみやくてどめ》」という史料によれば、享保一七（一七三二）年に、大坂町奉行（東西で二名）が申し合わせた事項として、「米取引の代銀を巡る紛争について、米切手取引であれば定式の通り弁済期限を申しつける。帳合米商いを巡る紛争であれば訴訟を受け付けてはならない（原文：米代銀出入、正米代に候わば、定式の通り日切申し付べく候、帳合米代銀に候わば、済し方申し付けまじき事）」とある（『大阪市史史料 第四十三輯 大坂町奉行所与力・同心勤方記録』）。

この確認がなされたわずか二年前、つまり享保一五（一七三〇）年八月の段階にあっては、原則として米取引を巡る紛争は大坂町奉行所において受理しないとされていたのに、一転して米切手取引については訴権が認められたのはなぜだろうか。

この疑問を解く鍵は、「勝手次第」とされた時点と、大坂米仲買に対して株札が交付された時点の時間差にある。大坂での米取引が「勝手次第」とされてから一年二ヵ月が過ぎた享保一六（一七三一）年一〇月、江戸幕府は一向に米価が上がらないことを受け、加島《かじま》屋久右衛門《やきゅうえもん》（現・大同《だいどう》生命保険株式会社）をはじめとする中心的な米仲買五名を呼び出して、その理由を問うている。五名が答えて曰く、米仲買の人数を確定し、株札を交付すれば、取り締まりが良くなる、とのことであった（「米商旧記」）。

これを受けた大坂町奉行は、江戸表へ伺いを立て、その結果、同年一二月、大坂米仲買に対して四五一枚の株札が交付され、右の五名が「米年寄」を仰せつかることになった。つまり江戸幕府は、取引参加者の顔ぶれを固定した方が取り締まりのためには望ましいという米仲買の提案を受け容れたことになる。

この時設置された米年寄役には、脇差と裃《かみしも》の着用が認められ、米仲買から大坂町奉行所への出訴や各種訴願を取りまとめる役割が与えられている。この五名からなる米年寄が、後に「米方年行司《こめかたねんぎょうじ》」と呼ばれ、市場の取締役として機能することになる。なお、清算会員にあたる米方両替も、この時に仲間立てを願い出て、認可されている。翌享保一七年も株札の交付が続き、最終的には一三五一枚の株札が、大坂米仲買に対して交付されたと言われる（枚数については諸説ある）。

この株札交付と米年寄役の設置という一連の流れによって、堂島米市場は江戸幕府の管轄する公的な市場として位置づけられた。これ以後、米年寄（後に米方年行司）を筆頭に、大坂米仲買は、市場を健全に運営するという役割を負い、その見返りとして米仲買株仲間に営業独占権が与えられ、取引上の紛争に関する訴権が与えられる、という対応関係が幕末まで維持される。

米切手取引を巡って紛争が生じた場合、まずは米方年行司が仲裁人となって示談が試みられ、それが不調に終わった場合は、大坂町奉行所へ訴え出ることができるようになった。大坂町奉行所に訴え出る場合には、必ず米方年行司の署名と印鑑が必要であったが（史料上は「奥印《おくいん》」と呼ばれる）、これは「米仲買株仲間内で十分に話し合ったけれども、決着がつかなかったのでやむを得ず訴え出た」ことを証明するためである。米方年行司を仲裁人とする調停は、下級審のような位置づけを与えられたのである。

大坂の東西両町奉行が、米切手取引については訴権を認めることを、享保一七年に確認し合ったことの意味は、これで明らかになる。「勝手次第」とすることと、株札を発行して公的に管理することとは、江戸幕府内部において明確に区別されていたのである。

これ以後、堂島米市場が、決済を巡る紛争などによって取引停止状態に陥った場合、大坂町奉行所が「休日のほか、わたくしの申す事などにて、一日も相場相やみ申すまじく候」などと米方年行司に釘を刺すことがしばしば見られた（『大阪市史　第三』五〇八頁など）。堂島米市場における取引は、もはや公的な取引なのであり、定められた休日以外にそれを止めることは許されなかったのである。

帳合米商いを支えた秩序

では、帳合米商いについては訴権が認められなかったことをどのように考えればよいだろうか。大坂町奉行所の保護が得られなかったとすれば、帳合米商いの秩序はどのように維持されたのだろうか。

この点に関連して興味深い史料を以下に掲げる。

【現代語訳】

帳合米商いにおいて、損得について言い争いになり、大坂町奉行所へ訴え出ても、訴訟は受理されないので、前もって証拠金を受け取っておくのである。もっとも、米仲買株仲間の者へ損失を与えた者は、株仲間の者が示し合わせて、翌日からその者を相手にしないため、おのずと仲間はずれの形になる。したがって、稼業を変更することができない者は、家財を売り払ってでも決済をしようとするものである。

【史料原文】

帳合米商いは、損徳につき、言い分できし、奉行所へ願い出ても取り上げなきゆえ、かねて証拠の敷銀を請け取り置くこととなり、もっとも、仲買株の者へ損を負わすれば、その翌日より米市場へ出ても仲間の言い合わせにて一統相手にせぬゆえ、おのずから仲間除けになるなり、よって渡世替えもならぬ者は家財を売りてもぜひ済まし方をすることとなり（「八木のはなし」）

紛糾が生じても、大坂町奉行所に訴え出ることができなかった帳合米商いにあっては、取引参加者から敷銀（証拠金）を預かっておくことで予防線を張っていたことが分かる。また、市場参加者相互の規律づけが、取引秩序の維持において重要な役割を果たしていたこともうかがえる。「仲間除け」にされる、すなわち将来における取引機会を奪われることによって、本来ならば得られたであろう利得が失われてしまう。他の商売を始めることができない者は（渡世替えもならぬ者は）、是が非でも決済する（ぜひ済まし方をする）ことになる。

いざとなれば大坂町奉行所に訴え出ることのできる米切手取引と違い、帳合米商いについては、井原西鶴の表現を借りれば「互に面を見しりたる人」同士の規律づけによって、秩序が維持されていたのである。

右に掲げた史料は幕末に記されたものであることから、江戸幕府は、幕末に至るまで、一貫して帳合米商いに関して訴権を認めなかったことが分かる。しかし、その理由を説明することはついになかった。あくまでも筆者の推測だが、米俵はもとより、米切手のやりとりすらせず、帳簿上だけで売りと買いを相殺する商いについては、やはり「不実」との観念がぬぐい切れず、「勝手次第」とするにとどめることが妥当と考えていたのかもしれない。現代においても、デリバティブ取引に対する警戒感が根強いことを考えれば、無理もないことである。

江戸時代中期の儒学者、中井竹山《なかいちくざん》（一七三〇～一八〇四）は、堂島米市場における帳合米商いに対して否定的立場をとったことで知られるが、帳合米商いに関して訴権が認められなかったことについて、その代表的著作「草茅危言《そうぼうきげん》」のなかで「おびただしき得失のことなるに、公裁なきは、薄悪の風、取るに足らざるをもってなり」と述べている。帳合米商いを「薄悪の風」と断じる手厳しい言い方だが、江戸幕府が訴権を認めなかった理由も、あるいはこれに近かったのかもしれない。

もっとも、江戸幕府は帳合米商いを全く放任したわけではなかった。個別の取引をめぐる紛争は取り上げなかったものの、たとえば帳合米商いの決済で紛糾が生じて、市場全体が動揺した場合や、帳合米価格が大きく変動した場合などには、大坂町奉行所が米方年行司を呼び出して状況説明を求めることがしばしばあった。本書後段でも触れるが、大坂町奉行所が具体的な善後策を示すこともあった。

帳合米商いについても、「米相場宜しくなり候ため」に堂島米市場は存在する、という原則から逸脱することは許されなかったのである。

堂島米会所か、堂島米市場か

ところで、堂島米市場については「堂島米会所」という呼称が知られており、筆者もこれまでの研究では、この広く知られている呼称を用いてきた。だがこれは、明治以降に定着した呼称と考えられる。筆者が把握している限り、江戸時代の人々は、書面上、浜方《かた》、大坂米市（場）、堂島米市、堂島の米相場、堂島米あきない、などと呼称しており、「堂島米会所」の呼称を用いていない。

明治二（一八六九）年に堂島における帳合米商いが停止処分を受け（後述）、明治四年三月に再興願いが出された際にも、「現米売買会社」の設立を願い出る形になっており、「堂島米会所」の再興とはしていない（『大阪市史史料　第十二輯　堂島米会所記録』）。もっとも、明治四年四月に右の願いが聞き届けられた際には「米会所」（前掲『堂島米会所記録』）ないし「正米会所」（『大阪府布令集　第一』）と呼んでおり、同年六月になると「堂島米会所」の文字も見え始める（前掲『堂島米会所記録』）。こうした経緯から、江戸時代の米市場も含めて、「堂島米会所」と呼ぶようになったのではないかと思われる。

江戸時代における呼称も、必ずしも一定しないので、いずれの呼称を用いても間違いということではない。江戸時代にも会所という事務所空間は存在したし、だからこそ明治に入って米会所と呼ばれたのであろうから、「堂島米会所」の呼称が間違っていると言うつもりはない。むしろ、正式な呼称が存在しないということ自体、現代の感覚とは異なっていて面白いと考えるべきかもしれない。

そこで本書では、呼びたいように呼ぶ江戸時代の流儀にならって、「堂島米市場《こめいちば》」と呼んでみることにする。

第四章　米切手の発行

江戸時代のウォール街

本章と次章では、晴れて江戸幕府の認可を得た堂島米市場における取引内容、ルールについて概説する。ここでは江戸時代後期に完成していた制度を描写することに努める。逐一典拠を示す煩は避けるが、特に断らない限りは、須々木［一九四〇］、宮本［一九八八］、拙著［二〇一二］の記載に基づいている。

まず本章では、堂島米市場で取引された物件である米切手について、それが発行される経緯、および証券としての性質について紹介する。

最初に地理的な位置関係について確認する（図4－1、4－2）。

図4－1上部を流れる大河が大川（淀川）で、中之島と呼ばれる中州によって堂島川（北）と土佐堀（南）に分かれる。中之島北部にかかる大江《おおえ》橋と渡辺《わたなべ》橋の間に「米市場」と書いてある場所こそ堂島米市場であり（図4－2）、現在は記念碑が建っている（図5）。なお、この原稿を書いている時点で、株式会社大阪取引所を中心として記念碑の建て替え計画が進められている。日経225先物の上場三〇周年を記念した事業の一環であり、筆者も微力ながらお手伝いしている。

先に述べた通り、大坂の米市は淀屋橋の南詰、豪商・淀屋の店先で始まったと伝わるが、元禄一〇（一六九七）年ごろ、当時新たに開発された中州である堂島（当時は「堂島新地」と呼ばれた）へ移ったことが、諸史料に記されている（「米商旧記」など）。

移転先である堂島の南側、現在でも中之島と呼ばれる中州に立ち並んでいたのが、諸大名の蔵屋敷である。現在では当時の風景をしのばせるものはほとんど残っていないが、本書を執筆している時点では、大阪大学中之島センターの東隣にある広島藩蔵屋敷跡が更地として残されている。この更地には大阪新美術館（仮称）が建設される予定とのことだが、蔵屋敷を当時のままに復元し、その中に美術品を展示するという発想があってもよかったのではないかと思う。

蔵屋敷の立ち並ぶ中之島は、諸国から集められた米などの産物（蔵物《くらもの》）が集まった一大倉庫街であり、また本書が取り扱う米切手が発行された場所でもあった。図4－2に拡大した中州（中之島）には、金沢、岡山などの藩名がびっしりと書き込まれているが、これらは全て蔵屋敷である。米切手を取引する米仲買の多くは堂島新地（中之島の北側、堂島米市場のあった中州）に居を構え、蔵屋敷に出向いて応札したり、日々、米市場に出向いて取引を行ったりしていた。

また、中之島の南側には、鴻池屋善右衛門《こうのいけやぜんえもん》（現・三菱ＵＦＪ銀行）、加島屋久右衛門（現・大同生命保険株式会社）といった金融業で財をなした豪商が店を構え、北浜には金相場会所

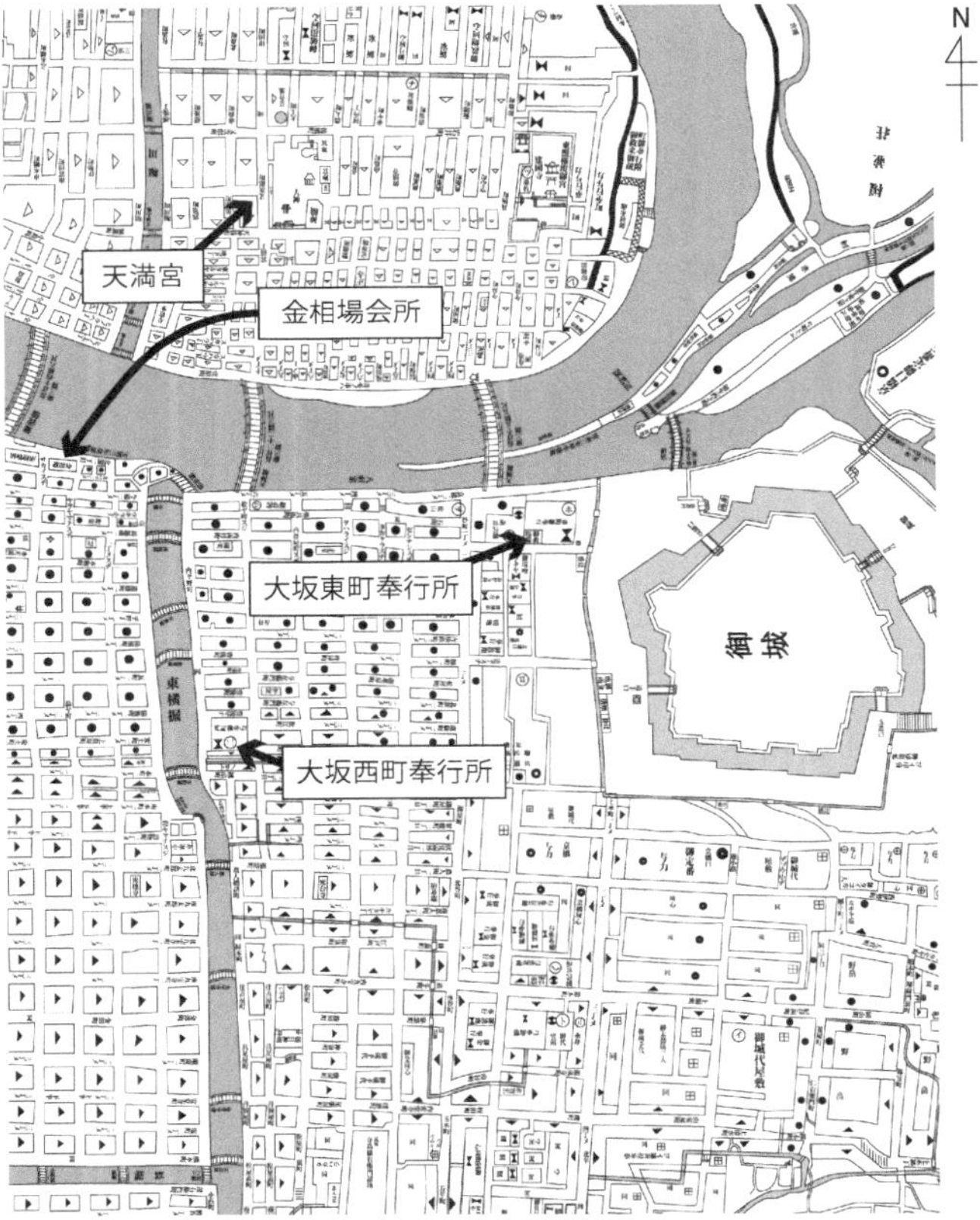

立国会図書館デジタルコレクション）をもとに作図

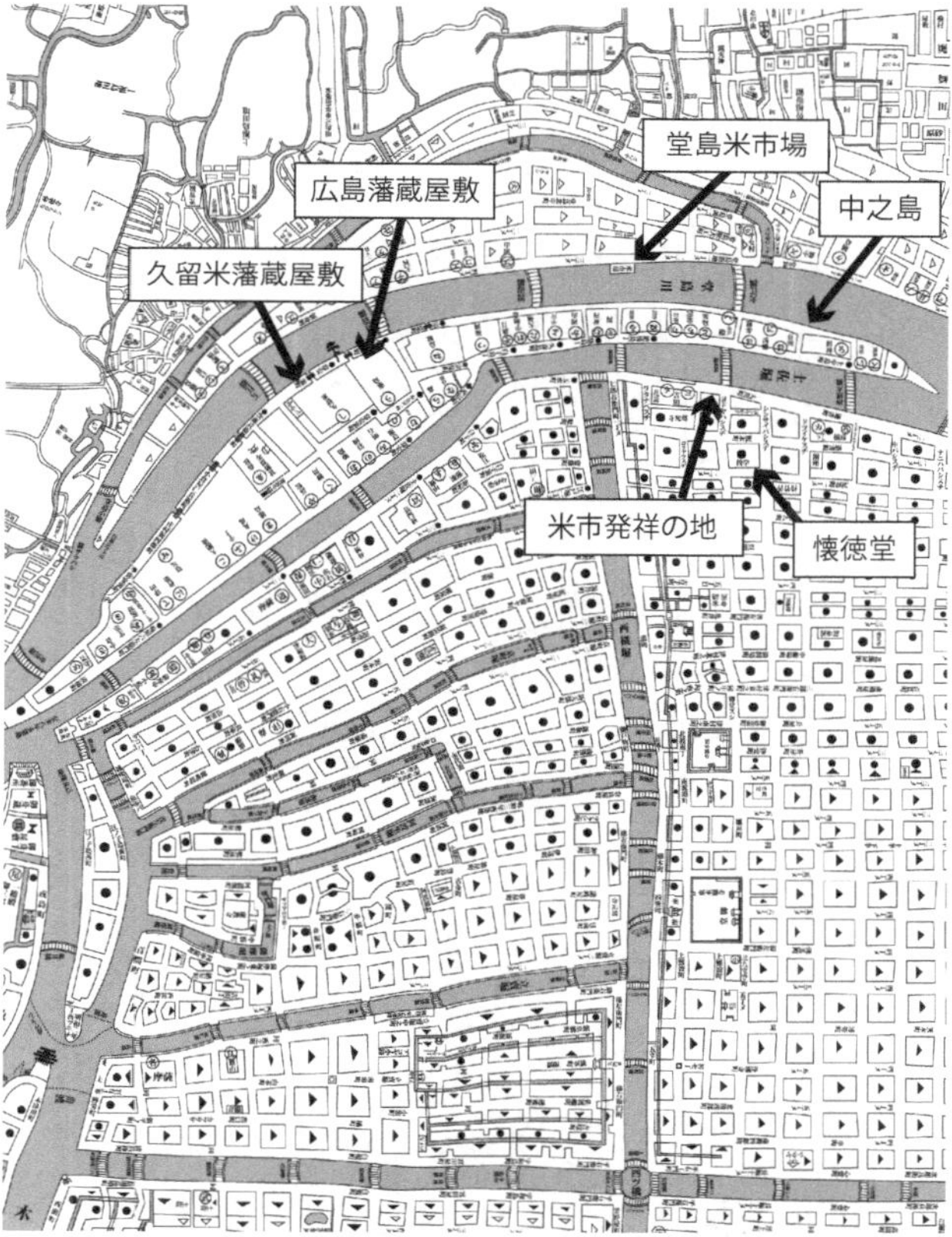

図4-1　19世紀初頭の大坂　（出典）「増脩改正摂州大阪地図」（国

があった（現在の大阪取引所）。この北浜から堂島新地・中之島一帯にかけては、江戸時代金融の中枢を担った地域であり、ニューヨークのウォール街や、ロンドンのシティに該当する地域である。

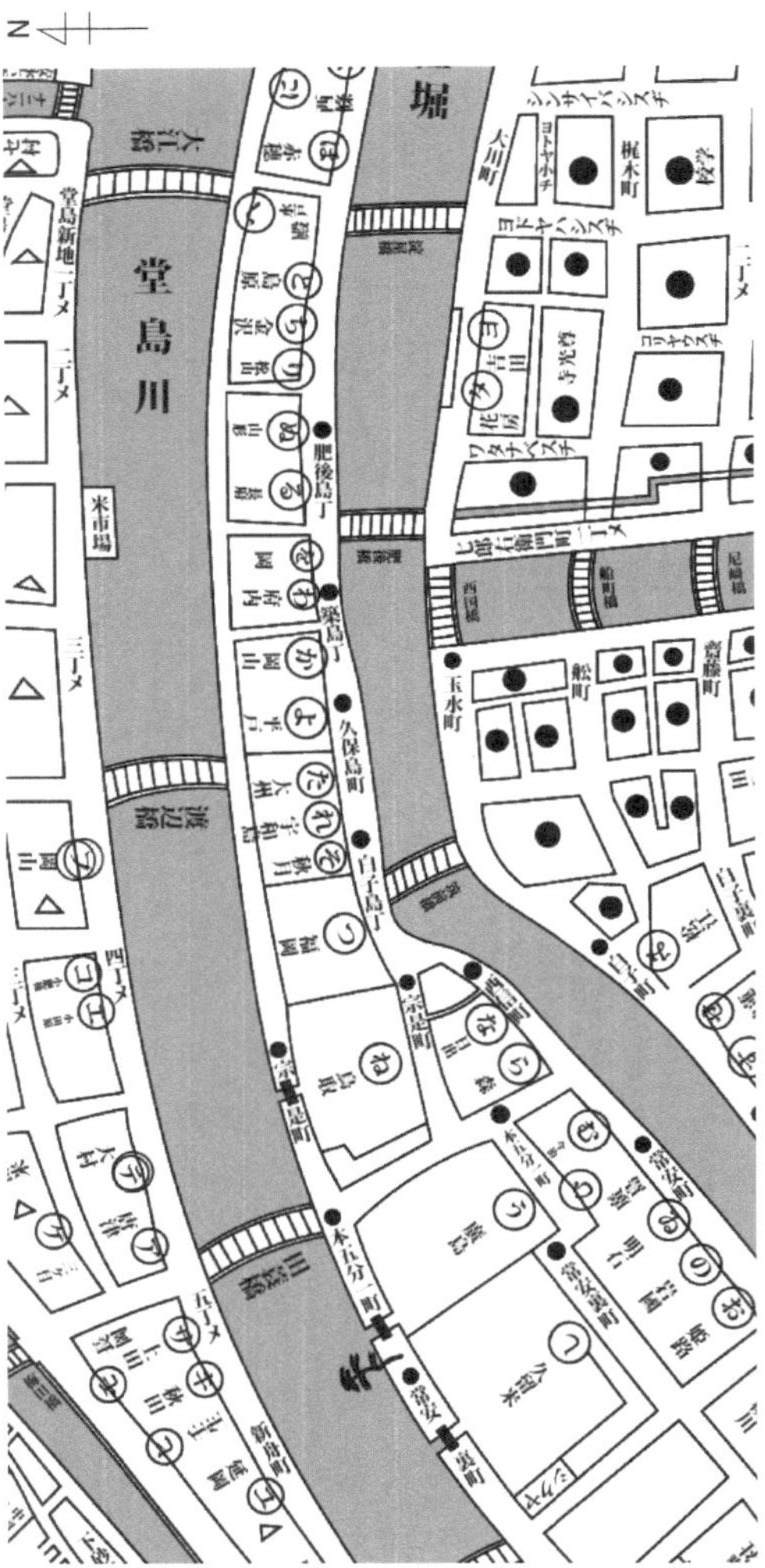

図4-2　堂島周辺拡大図

大坂への米廻送

この中之島の倉庫街をめがけて、諸国の年貢米が送られてきた。なかでもその大半を占めた中国・四国・九州地方の諸藩の米は、例年一〇月ごろより大坂へ送られた。米という財の特性上、最も沢山の米が大坂へ送られたのは秋だが、多くの大名が年をまたいで断続的に米を送っていた。これは大名の米輸送能力と、大坂という港湾の集荷能力に制約されてのことであったと考えられる。

図5　堂島米市場跡記念碑　（出典）筆者撮影

例えば明和五（一七六八）年における熊本藩の場合、一〇万石の米を大坂へ送るにあたって、自前の船（一六艘）と民間からの借入船を複数回往復させ、秋から春にかけて全てを送る計画を立てている（拙稿［二〇一五］）。ここで想定されている船の大きさは一〇〇〇石積程度であったと考えられるから、一〇万石を一度に輸送しようと思えば、一〇〇艘の船が必要であったことになる。一度にそのように多くの船を用意するよりも、同じ船を複数回往復させる方が現実的だったのだろう。

熊本藩に限らず、多くの大名が大坂に大量の米を運んできたわけだから、秋の内に全ての入港が終わらなかったのも当然である。なお、加賀藩をはじめとする、日本海沿岸諸藩の米については、例年四月から九月にかけて大坂に運ばれ、入札にかけられていた。西日本の大名の米（西国米《さいごくまい》）と区別して、これらは「北国米《ほっこくまい》」と呼ばれた。

北国米は、敦賀《つるが》の港より琵琶湖《びわこ》北岸の海津《かいづ》などを経て、琵琶湖舟運によって大津米市場に輸送されることもあったが（拙著［二〇一二］）、下関を経由する西廻り航路によって大坂に運ばれるものも相当量存在した。

幸いにも文化三（一八〇六）年と翌四年については、北国米と西国米の大坂における売却高が月ごとに観察できる（図6）。詳しくは後述するが、ここに挙げた数値は米切手という証券の発行高であって、厳密には蔵米の売却高ではない。しかし、おおむね蔵米の売却高に近い値をとっていると考えられるため、ここではそのように解釈する。

まず文化三年五月より九月にかけて北国米の入札が行われたことが分かる。ここに示した数値は累計値であるため、五月から九月にかけて着実に売却されたことが分かる。九月には重なるような形で西国米の入札が始まっているが、西国米の入札が本格化するのは一〇月であったことが分かる。

残念ながら文化四（一八〇七）年一月の数値を欠くが、同年四月まで入札が行われたことが分かる。とはいえ、文化四年に入ってからの伸び率は低く、大多数の米が前年秋〜冬にかけて売却されていたことが分かる。なお、文化四年四月から始まる北国米の入札、ならびに同年秋（一〇月は数値欠）から始まる西国米の入札は、翌年分となる。

このように、大坂では、一年を通して廻米と入札が断続的に行われていたが、グラフの高さから明らかなように、圧倒的多数を占めたのは西国米であり、それが大量に売却された一〇月・一一月は、新米出回り時期として繁多を極めた。例年この時期は資金需要も強かったため、市中金利も上昇したという。

西国米と北国米で入札時期がずれていた理由は定かではないが、冬季における日本海沿岸航海の危険性を考えれば、北国米の入札が四月以降に行われたのも納得がいく。秋の内であれば、北国米が安全に廻送される可能性もあったかもしれないが、そうなると秋のごく限られた時期に、西国米と北国米が大坂に集中することになる。大坂といえども、短期間で大量の米を受け入れるだけの能力が備わっていたか疑問だし、船の渋滞による効率の悪化は避けられなかっただろう。

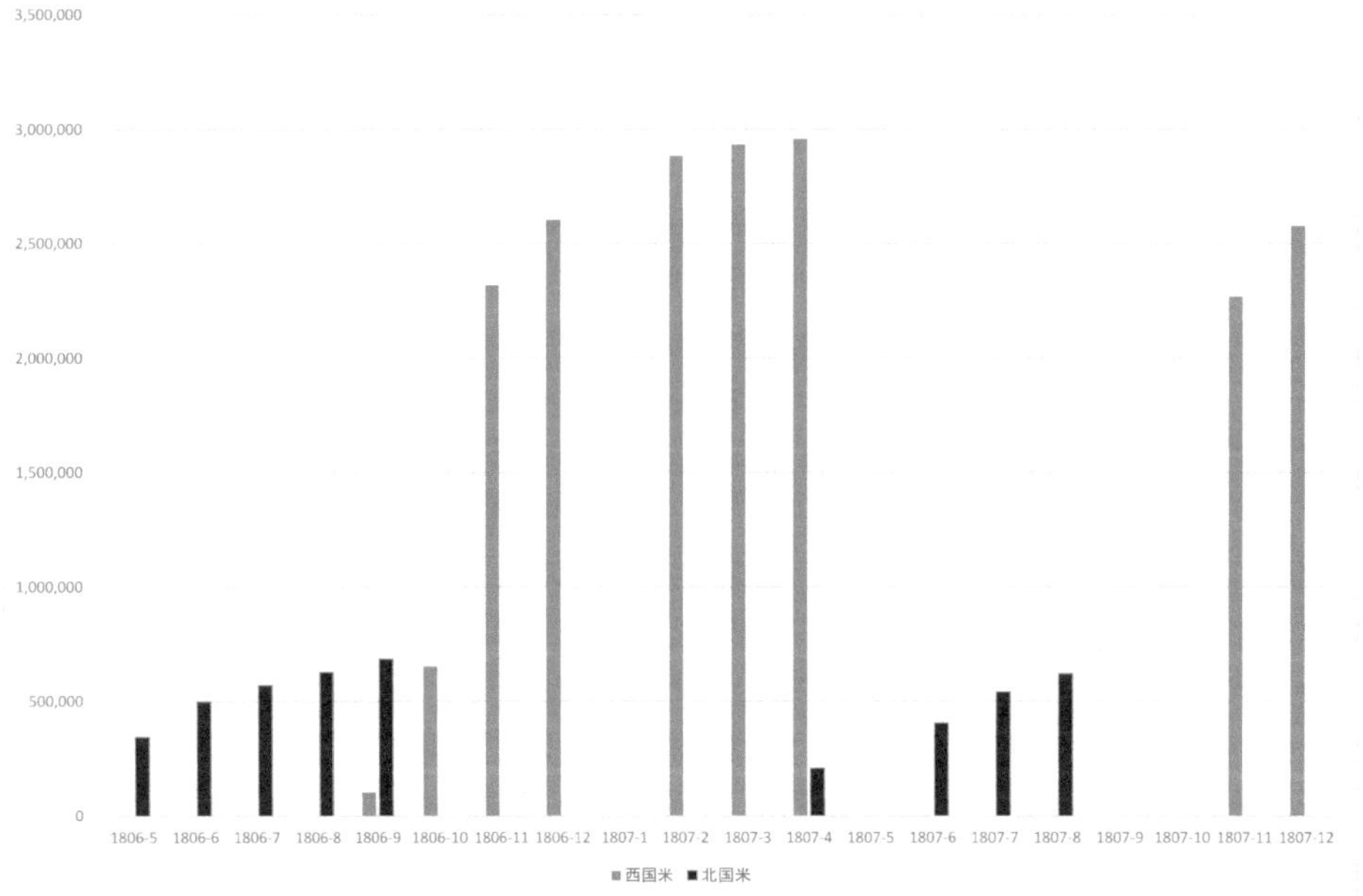

図6　1806-07年における米の売却高（単位は俵）。（出典）拙著［2012］、表1-1をもとに作成

大坂蔵屋敷の属性について

大坂に送られてきた米は、各大名が大坂に設けた蔵屋敷へと運び込まれた。大坂蔵屋敷は、大名が年貢米をはじめとする商品を格納し、かつ販売した商業施設だが、属性としては町屋敷であった。

第一章で紹介した通り、慶長二〇（一六一五）年の大坂落城後、江戸幕府は松平忠明に大坂の復興に当たらせ、元和五（一六一九）年、大坂を幕府直轄地とした。この過程において豊臣時代の大名屋敷は召し上げとなり、大坂では町屋敷以外の大名屋敷の存在が認められなくなった（森［二〇〇二］）。そのため、大名が大坂で屋敷を持とうと思えば、町屋敷を購入し、それを町人名義のままで運用するしかなかった。この時、名義を提供した町人を「名代《なだい》」と呼ぶが、この「名代」こそ、蔵屋敷の法的な意味での所有者であり、その意味で蔵屋敷は歴《れっき》とした町屋敷なのであった（八木［二〇〇八］、豆谷［二〇一五］）。

しかし、これはあくまでも法的な意味での所有であり、実質的に所有し、使用していたのはもちろん大名であった。先に示した地図（図4－2）にも、大名の名前のみが書かれ、法的な意味での所有者である町人の名前は書かれていない。蔵屋敷が持つこの二重性は、さまざまな形で大坂米取引に影響を与えたため、後段で改めて触れることにしたい。

久留米藩蔵屋敷における米の荷さばき

先に名前の出た大阪大学中之島センターは、久留米藩（有馬家、表高《おもてだか》二一万石）蔵屋敷の跡地（図4－1参照）に建っており、同蔵屋敷については幸いにも、在りし日の様子を描いた絵が、六曲一双の屏風に仕立てられて残っている。それが、株式会社神宗《かんそう》の所有になる「久留米藩蔵屋敷図屏風」である（現在は大阪歴史博物館に寄託）。神宗は、大阪船場《せんば》の高麗橋《こうらいばし》三丁目に本店を構える老舗《しにせ》で、初代神崎屋《かんざきや》宗兵衛《そうべえ》が、天明元（一七八一）年に大坂の靭《うつぼ》に海産物問屋を創業し、現在に至っている。

屛風絵は、幕末における久留米藩蔵屋敷を描写したものと考えられており、同蔵屋敷の年中行事を、三八枚の絵によって描いている（宮本［一九八二］、［一九八三］）。古文書・古記録に記される文字情報のみでは決してうかがい知れない蔵米の荷さばきの有り様が、実に活き活きと描かれた好資料なので、ここで活用したい。

図7は、久留米藩蔵屋敷を北側から南に向かって描写したものである。神宗で塩昆布を買ったことのある読者にはなじみ深い図柄かも知れない。中央に大きく描かれている松は、枝ぶりが蛸《たこ》の足に似ていることから「蛸の松」の愛称で呼ばれた松である。大阪府立図書館が運営する錦絵のデータベース「錦絵にみる大阪の風景」にも、蛸の松を題材にした作品が三点確認できることからもうかがえるように、中之島のランドマークとでも言う

図7 「蛸の松と久留米藩蔵屋敷」（出典）「久留米藩蔵屋敷図屏風」（株式会社神宗所有、大阪歴史博物館寄託）。以下、図14まで同出典につき略す。

べき松であった（現在は対岸に再現されている）。

なお、図7に描かれている川岸が階段状になっているが、これは雁木《がんぎ》と呼ばれ、潮の満ち引きによって水位が変化しても荷さばきができるように設けられたものである。かつての大坂には至る所にこの雁木があったはずだが、現在ではその風景をただ想像する他はない。

余談になるが、江戸時代の大坂では堀川端のことを「浜」と呼ぶ。その起源は不明ながら、安永四（一七七五）年に刊行された方言辞書「物類称呼《ぶつるいしようこ》」で「河岸」を引くと、江戸では「かし」、大坂では「はま」、京都では「川ばた」と呼んだとある（国立国語研究所「物類称呼データベース」より）。現在の大阪にも北浜などの地名に残っているが、堂島米市場のあった場所は「堂島浜」と呼ばれ、堂島米市場関係者は

「浜方」と呼ばれた。

図7の画面右側に見えるアーチ状の橋（その形状から「太鼓橋」と呼ばれる）をくぐり抜けて、米俵を積んだ船が蔵屋敷に入っていく（図8）。諸国から大坂に運ばれる米は、兵庫、あるいは大坂の川口まで大船で運ばれ、そこで四〇石から一〇〇石の小船に積み替えられ、中之島へと運ばれたという（「米穀売買出世車図式」）。大坂の港は、淀川の運ぶ土砂によって水深が浅く、大船の着岸ができなかったことによる。

図8のように蔵屋敷に出入りした小船は「瀬越船《せこしぶね》」と呼ばれ、蔵屋敷の内部に設けられた船入堀《ふないりぼり》に入っていった。そこで米俵が積み下ろされ、仲仕《なかし》（仲衆）と呼ばれた人足の手によって運ばれていく（図9）。この船入堀は、大規模な蔵屋敷には設けられていた設備で、邸内に船を呼び込んで荷物の積み下ろしをすることを可能にしていた（植松［二〇一五］）。なお、久留米藩が用いていた米俵の一俵あたり重量は約五〇キログラムであったと考えられるが（「増補 懐宝永代蔵《かいほうえいたいぐら》」）、二俵を軽々と担ぐ仲仕たちの力には驚かされる。

運び込まれた米俵は、海上輸送によって吸収した湿気を飛ばすために、しばらく屋外に積み置かれ、この時に積み上げられた山は「掽《はえ》」ないしは「ハイ」と呼ばれた（図10）。この図には、羽のようなものが付いた棒を米俵に刺そうとしている人物が描かれている。「掽」の近くには、二本差しの人物を交えて何やら話し合っている人々の姿も描かれてい

図8　「蔵屋敷に入る瀬越船」

図9　「蔵屋敷の船入堀と米俵の積み下ろし」

図10　「撫（はえ）」の様子

る。彼らが何をしているのかを教えてくれる絵が図11～図13である。

羽のついた米俵だけが、一ヵ所に集められ（図11）、目方の検査（図12）と内容の検査が行われる（図13）。つまりは抜き取り検査である。加賀藩蔵屋敷の場合、検査に回す米俵をくじ引きで選んだことが知られており（黒羽［一九四三］）、久留米藩蔵屋敷も同様であった可能性が高い。図10で何やら話し合う人々が描かれていたが、これはくじ引きをしている様子なのかも知れない。

ここで目方が検査されるのは、「軽俵《かるびょう》」といって、規定よりも軽い俵が含まれていないかを調べるためである。図12によれば、天秤を操作しているのは久留米藩の蔵役人であり、仲仕たちはひざまずいて検査の様子を見守っている。運送中は締めていた鉢巻きも、ここでは全員とっている。座敷に蔵役人が居並んで検査の様子を見分しているが、向かって左端に座っている人物が、検査の結果を帳面に記していることが分かる。

続いて米俵を開封しての内容検査が行われ（図13）、それが済んでようやく蔵入りとなる（図14）。ここで実施された内容検査（当時の言葉では「廻し俵」）において、具体的に何が検査項目として重視されていたのかは明らかでない。水気を含んで腐食していないかどうか（「濡俵《ぬれびょう》」と呼ばれる）、石や砂が交じっていないかどうかなどは当然検査されただろうが、米粒の色や形状に至るまで関心が払われていたかどうか。

この点は米を出荷する側、すなわち大名の国元における検査実態から接近することもできるため、熊本藩を事例として第六章で改めて検討する。ひとまずここで押さえておくべきは、大名の国元、そして大坂に着荷した時点の二度にわたる検査を経て、ようやく米が蔵に収められたということである。

江戸幕府によって貿易の途を塞がれ、大坂などの大都市市場での物品販売が唯一の幕府貨幣獲得手段となった諸大名にとって、最大の産物である米をより高く売りさばくことが、財政上の重要課題となっていた（第一章）。諸大名が年貢米を粛々と大都市市場へ運ぶという市場構造にあっては、より高く年貢米を売りさばくために、品質を高め、それを市場に対して宣伝することが必要だったのである。

図11 「選別される米俵」

図12 「目方の検査」

図13 「米俵の内容検査」

図14 「米の蔵入り」

入札資格「蔵名前」

抜き取り検査を経て、蔵入りが済んだ米については入札による売却が進められる。入札に際しては渡辺橋北詰（図4‐2）ならびに各蔵屋敷の門前において公示がなされ、応札を希望する米仲買人が指定期日に蔵屋敷に参集し、希望数量と希望金額を書いた書付を封に入れて投函する（『考定 稲の穂』）。最高額を記した者から順次希望数量を落札していくことになる。

蔵屋敷ごとに入札に参加できる資格を持つ米仲買は定められていた。この資格は「蔵名前」と呼ばれ、紙面（札）によって表象されたことから、この権利そのものが貸借、売買の対象とされていた。

蔵によっては、「蔵名前」をさらに「上顔」と「平顔」とに区別していたという（『考定 稲の穂』）。「上顔」とは、大量の落札を繰り返して信頼を得た米仲買に対して蔵屋敷が与えた資格で、これを獲得すれば、どれだけ大量に米を落札しても敷銀を納付する必要がなかった。一方「平顔」の場合、大量の米を落札する場合には、「宵敷」といって、その日のうちに敷銀を納める必要があった。これは「逃げ札」といって、落札したのに代金を払わない行為を防ぐ措置であった。

米切手の発行

米を落札した米仲買は、落札から一〇日以内に代銀を支払うことが求められた。代銀支払いが完了した米仲買に対して、諸家蔵屋敷より発行されたのが、先にも出てきた米切手である。米切手とは、一枚あたり一〇石の米との交換を約束した証券であり、どの大名が発行する米切手も一枚あたり一〇石に統一されていた。

なお、一石(=一〇斗=一〇〇升)は容積にして約一八〇リットル、米の重さにして約一五〇キログラムなので、米切手一枚は、一五〇〇キログラムの米を表象していることになる。切手であれば、保管倉庫を用意する必要はないとはいえ、素人が簡単に手出しできる証券ではない。だからこそ帳合米商いが求められたのだが、ひとまず米切手の話を続けよう。

米切手を受け取った米仲買は、ただちにこれを蔵屋敷に提出し、米を受け取ることもできたが、多くの場合、米切手は第三者へ転売された。この転売市場こそ、堂島米市場であった(図15)。

図15は堂島米市場の取引を描いたものとしてよく参照されるが、ここに米俵が描かれていないことに注意しなければならない。右に見てきたように、堂島米市場は、米切手の取

図15　堂島米市場の取引風景　（出典）「堂じま米あきない」（国立国会図書館デジタルコレクション「浪花名所図会」より）

引市場であり、米俵の取引市場ではないのである。さらにいえば、ここには米切手すら描かれていない。正米《しょうまい》商い（スポット市場）、帳合米商い（先物市場）を問わず、取引は全て帳簿上で管理され、米切手と現金のやりとりが、取引のたびごとに行われることはなかったのである。

大坂米市場における取引の流れ

ここまでの流れを図16によって整理しておこう。この図は、制度的完成を見た一八世紀中期以降の制度を反映したものとなっている。

各地の農民より貢租米が領主へ納められ、領主はそれを陸路・海路を通じて大坂へと運ぶ（図16の1）。九州・中国・四国地方の諸藩は、この作業を例年一〇月から翌年四月頃にかけて行い、日本海沿岸諸藩は四月から九月頃にかけて行った。前者が西国米、後者が北国米と呼ばれたことは前述の通りである。以下では西国米を念頭に記述するが、基本的な流れは北国米でも同じである。

大坂の蔵屋敷では貢租米を入札によって売却し、落札者に米切手が発行される(図16の2)。ほとんどの大名は、この時に得られる収入を引き当てとして、商人から資金融通を受けており、蔵屋敷に対して米仲買人が支払った米代銀は、その返済に回された。残ったお金が江戸ないし大名の国元へと送金され、各種の支出にあてられる。

送金といっても、江戸時代の中期以降は現金銀が輸送されることはまれで、ほとんどが為替で送金された。為替の仕組みの詳述は避けるが、大坂で受け取ったお金を、江戸ないし国元のATM(現金自動預け払い機)から引き出すような仕組みだと考えればよい。

米仲買が受け取った米切手は、堂島米市場で転売される(図16の3)。米現物を必要とする者は、米仲買を通じて堂島米市場で米切手を発注し、そこで得た米切手を蔵屋敷に提出することで米を得る。この米が大坂市中ないし江戸をはじめとする各地の市場へと再び送り出されたのだ。

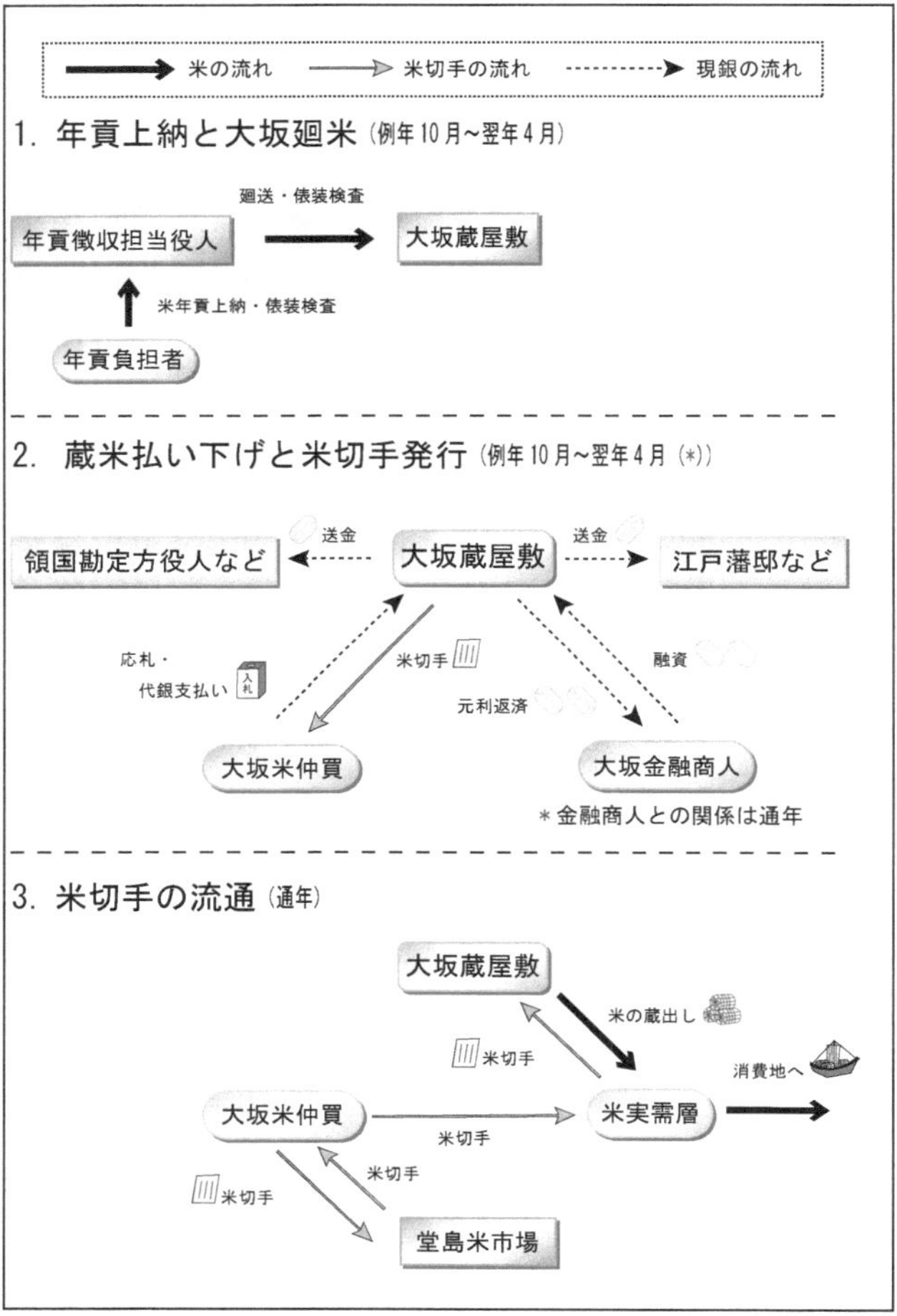

図16　大坂米市場における取引の流れ　(出典) 拙著 [2012] をもとに作成

米切手の券面

以上によって、大坂における米取引の大まかな流れは確認できた。以下では、米切手という証券の性質をもう少し掘り下げていきたい。米切手は、おそらく江戸時代において最も盛んに取引された物件でありながら、建前と実態が絶妙に組み合わされて成り立っていたため、慎重に検討しないと江戸時代の人々にすっかり騙《だま》されてしまう。その理由を以下に述べていく。

米切手は、どの大名が発行したものであっても一〇石の米と交換するものとして発行されていたと先に述べた。これは偶然ではなく、明確な意図に基づいて統一されていたと考えられる。というのも、米俵一俵あたりの容量が、領主によって異なっていたからである。

例えば加賀藩は五斗俵という比較的大きな米俵を用い、後で取り上げる岩国藩は四斗俵であったが、米切手については加賀米切手も岩国米切手も、一枚につき米一〇石だった。つまり、取引費用を引き下げるために、大名間で統一が図られていたと考えるのが自然だろう。

余談だが、江戸幕府は米切手を発行せず、米俵を入札で売却するのみだった。江戸幕府が用いた米俵は三斗五升俵であった。これは江戸幕府が幕臣の知行米を支給する際に用いた計算上の税率が三五％であったことによる。つまり、知行一〇〇石の旗本が受け取る三五石分の米俵が、ちょうど一〇〇俵となるように、三斗五升俵が用いられたのである（一〇〇石×〇・三五＝三五石＝一〇〇俵）。

実際に米切手の券面を見てみよう（図17）。米切手の券面は、大名によって相違があるが、おおむね似通っているため、ここでは典型的なそれとして岩国藩蔵屋敷（岩国蔵と呼び習わされた）の米切手を取り上げる。

額面に米二五俵とあるが、岩国藩の米俵は四斗俵であったため、二五俵で一〇石となる（五斗俵を用いた加賀藩であれば、券面には米二〇俵と書かれる）。この米は、ある年の一〇月一三日に河内屋《かわちや》清七《せいしち》という者が落札したもので、一〇月一七日にこの米切手が発行されたことが分かる。つまり、河内屋は落札してから四日で代銀を支払ったのである。

左上に「根《ね》ノ壱《いち》」とあるのは管理番号で、岩国蔵では発行済み米切手に通し番号を振って管理していたのだろう。券面上部に割り印があることから考えても、岩国蔵では米切手発行台帳のようなものを持っていて、必要に応じて発行済み米切手と照合させたと考えられる。

最も大事なのは、中央に墨書されている一文、「右可相渡候、水火之難不存也」である。「右の米（二五俵）を渡すものである。水害・火災による損害について、当方は関知しない」と訳すことができる。

前半部分では、この米切手を岩国蔵に持参すれば、米二五俵、すなわち米一〇石を渡すと約束している。落札者である河内屋清七に対して約束しているように読めるが、実際には河内屋以外の人物がこの米切手を持参しても、米との交換が行われた。いわゆる持参人一覧払いの形式である。この性質があればこそ、米切手は自在に転売され得たのだ。

後半部分では免責事項が記載されているが、実際に水害や火災に見舞われた場合には、蔵屋敷がその損失を負担していた。文言と実態が乖離《かいり》していたのである。

こうした慣行が生まれた背景を説明する出来事として、堂島米市場が公認を受ける前、享保元（一七一六）年七月、村上《むらかみ》藩蔵屋敷と加賀藩蔵屋敷が類焼被害を受けた火災を紹介したい。火災の後、村上藩は全ての発行済み米切手について、蔵米との引き替えに応じたのに対し、加賀藩は「水火之難不存」の文言を楯に、蔵米の引き替えを拒んだ。これに対し、米切手所持人は、もし加賀藩が損失を負担しないならば、今後の加賀米切手の流通に悪影響が出ると主張し、最終的に加賀蔵は蔵米の引き渡しに応じた。

加賀藩が免責を主張したことは、米切手券面からして当然だが、最終的には市場参加者の声を重く見た。市場の評判を失っては長期的に見て損だと考えたのであろう。しかし、先に見た岩国蔵の米切手しかり、この事件以後も、諸藩の米切手券面には「水火之難

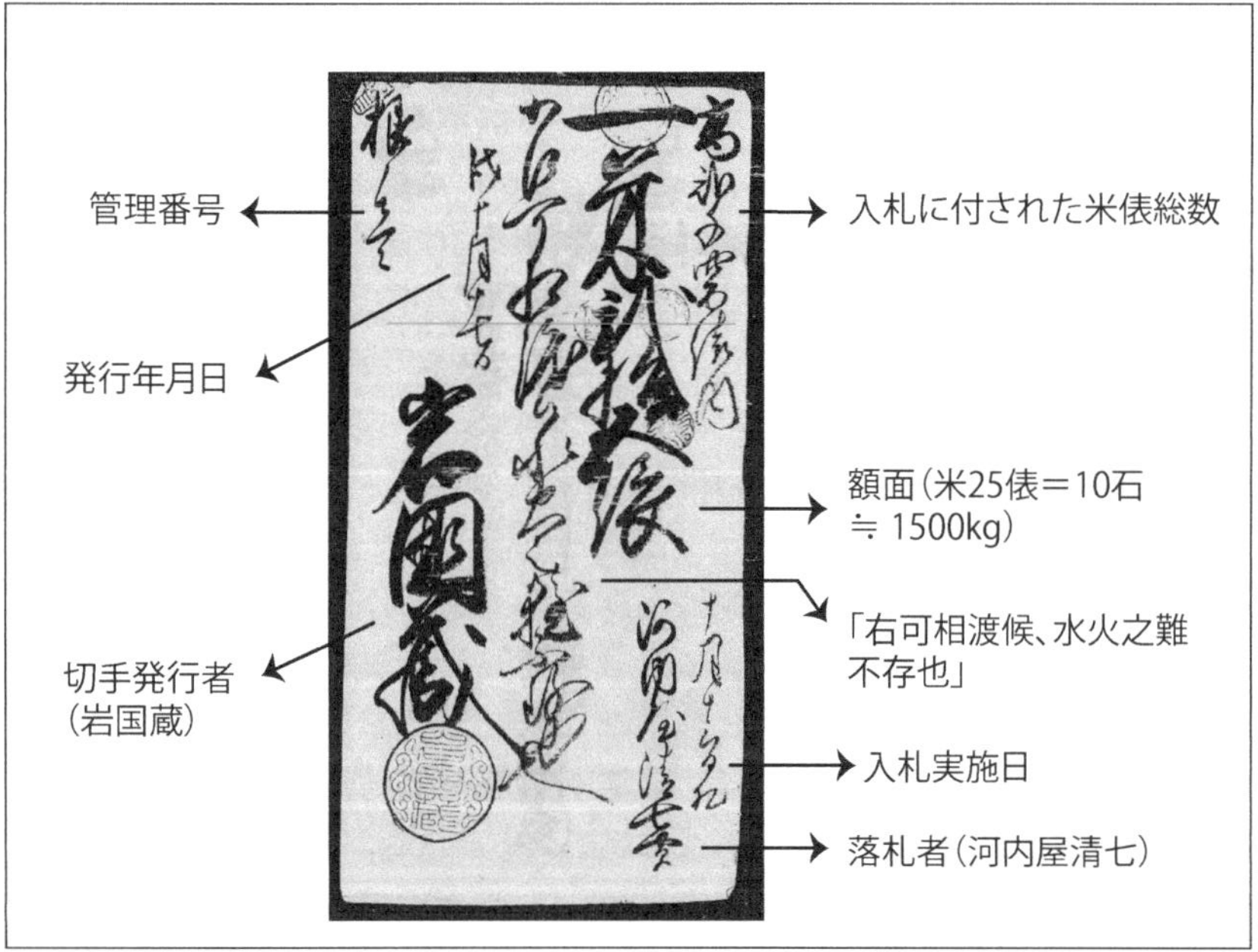

図17　米切手の券面　（出典）大阪大学経済史・経営史資料室所蔵「鴻池善右衛門家文書マイクロフィルム」文書No.584

不存」の文言が残り続けた。災害時における蔵屋敷の免責は事実上、成立していなかったにもかかわらず、である。

米切手券面のトリック

米切手研究の先駆者である島本得一氏は、この理由について「前例による書式尊重で、装飾的文言に過ぎない」としているが（島本［一九六〇］）、事実上、空文化していた文言が残り続けたことの意味はやはり気になる。じつはここに米切手の特質が大いに関係している。

右の事件を記録した播磨屋《はりまや》仁三郎《じんざぶろう》（大坂の米仲買）は、古老より事件の経緯を聞き取ったとしているが、その古老は次のように証言している。

【現代語訳】

加賀藩の蔵屋敷が類焼被害を受けた際、ご評議の上、以下のように仰《おお》せ出《いだ》された。米切手の券面に「水火之難不存」と書いてある以上は、類焼による損害については関知しない。しかし、今回燃えてしまったのは、まだ売却していない米であって、先に米切手を発行した分の米は被害を受けていないので、残らず交換に応じると仰せになって、御国元から米を別途お登せになり、米切手所持人にお渡しになったとのことだ。

【史料原文】

加州米類焼、御蔵御評義の上これを仰せ出さる、切手表水火の難存ぜざるとしたため申す上は、焼失は存ぜず候、しかしながらこの度類焼に及び候米は、いまだ売り払わざる分なり、せんだってより売り払い、切手差し出し置き候米の分は、焼失におよばず、別条なく候間、残らずあい渡すべくと仰せ渡され候いて、御国元より別段御登せ米御座候て、御渡し下され候由（「浜方記録」）

これによれば、「水火之難不存」との文言がある以上、焼失した米について蔵屋敷側が弁償する必要はないとした上で、今回焼失した米は、未だ売却していない分であり、すでに米切手を発行した分については焼け残ったため、引き替えに応じる、という理屈が用意されたことが分かる。米切手所持人からの圧力に屈したという形にしないのは、加賀藩の体面を考えてのことだろうが、問題は、焼け残ったとしておきながら、加賀の国元から米を廻送して交換に応じていることである。

米切手所持人との交渉過程で、加賀蔵の蔵役人が「村上藩蔵屋敷については少々焼けただけであり、引き替えに応じたのももっともだが、当蔵は大半が焼けている」と述べ、米の引き渡しを拒否する一幕がある。既発行分についても、やはり燃えてしまっていたと考えるのが自然であり、それゆえに、新たに国元から米を登せることによって充当したのだろう。

この事件は、米切手が特定の米俵と一対一で結びついた証券ではないことをわれわれに教えてくれる。加賀米であれば、どの米俵であっても一〇石分と交換する証券であったからこそ、右のような「米のすり替え」が可能になった。米切手所持人にとって、事後的に加賀から廻送されてくる米を渡されても何ら不都合はないのである。

大坂に米市が生まれた初期の段階から、蔵に米がないにもかかわらず、米手形が発行されていたと先に紹介したが（第二章、二八頁）、これが可能となったのも、米手形が特定の米俵と結びつく形では発行されていなかったからに他ならない。米手形の後継である米切手は、その特質を受け継いだのである。

結局のところ加賀藩は、大半の米を焼失しながら、「渡すべき米は焼け残ったから安心しろ」といって、国元から米を廻送して渡していた。損失を負担することは変わらないのだから、米切手券面から免責事項を削除してしまえば良さそうなものだが、最後までそれをしなかったのは、蔵屋敷が損失を負うことを原則としないためであったと考えられる。免責が原則である限り、「本来ならば免責だが、お前たちの米は特別に確保する」という形にでき、財政的余裕がない場合は、免責を主張することもできなくはないからだ。右の事件を経て、たとえ蔵屋敷が全焼しようと、米切手と交換すべき米は必ず焼け残るという不思議な原則が成立した。

蔵屋敷が負担したのは、火災や水害といった非常時における損害だけではなかった。米切手取引にも携わった実務家としても知られる町人学者・山片蟠桃《やまがたばんとう》（一七四八～一八二一）は、その著書「夢之代《ゆめのしろ》」（一八〇三年に成稿）において、「切手にて買いおけば運送・鼠・熱の費《ついえ》なし」と米切手の利便性・安全性を説明している。火災・水害といった非常事態のみならず、米の保管中における劣化についても、蔵屋敷側が責を負ったことが分かる。

米切手と交換すべき米は、熱によって劣化することも、鼠に食べられることもないという不思議な原則が成り立つのも、米切手が「任意の米俵」との交換を約束する証券であればこそ、なのである。諸大名の蔵屋敷が米の保管費用を事実上負担したことによって、米切手の利便性が高まったことは言うまでもない。

米切手の期限

米切手が特定の米俵との結びつきを失っていたとはいえ、あくまでも米との引き替えを約束する証券であったことに変わりはなく、引き替えには期限が設けられていた。主要な蔵屋敷の蔵出し期限は、おおむね発行から一年、ないし一年半だったが、大坂への廻米量が多く、米切手の発行高も多かった蔵については、蔵出し期限が長く設定されており、これらの蔵が発行する米切手の流動性を高めたものと思われる。

もちろん蔵出し期限間際の米切手は、投機取引の対象としては忌避された。期限を過ぎると、「番賃」という保管費用を別途支払わなければ米との交換が認められなかったため、取引参加者は切手券面に書いてある発行日（干支《えと》と発行月）に注意しながら取引を行っていたと考えられる。

原則から言えば、米切手は期限が来れば、その全てが米と交換されるはずなのだが、実際には蔵屋敷による買い戻しも行われていた。つまり、蔵屋敷に米切手が提出され、米との交換請求がなされた際に、時価、ないし時価に少し上乗せして、それを買い取ってしまうのである。ここでいう時価とは、堂島米市場で形成された価格である。

実際に米を必要としていた者ならばともかく、多くの米仲買は実物の米を必要とはしていなかったため、時価で買い取ってもらえるなら問題はなかった。蔵屋敷にとっても、買い取りに利点はあった。蔵米の在庫量以上に米切手を発行している場合、米との交換請求が重なると困るので、買い取りで処理できるなら都合がよい。

極端に言えば、米が一俵もなくても米切手は発行できたのである。本書後段で紹介するが、文化一一（一八一四）年に米切手の過剰発行によって大規模な取り付け騒ぎを引き起こした久留米藩蔵屋敷の蔵米準備率（蔵米在庫量を発行済み米切手高で除した値の百分率）は、わずか一・二%だった。さすがにこれは行き過ぎた例だが、買い戻しの一般化によって、米切手の発行規模は大幅に広がっていたと考えられる。

以上によって、米切手とは任意の米一〇石との交換を約束する証券であり、所持人が望めば、現金での買い取りも請求できる証券であったことが分かった。この性質によって、諸大名は蔵米在庫量以上の米切手の発行が可能となった。この米切手が盛んに取引された堂島米市場は、金融商品を取引する金融市場としての性質も必然的に帯びることになる。この点は、後段でさらに掘り下げていきたい。

第五章　堂島米市場における取引

堂島米市場のルールブックは存在するのか

本章では、いよいよ江戸時代経済の心臓部とも言うべき、堂島米市場の内部に入り込んで、そこで行われた取引のルールを紹介する。取引制度を紹介する上で、最初に強調しておきたいことは、現代の証券取引所が公開しているような定款《ていかん》、規則、内規の類は、当時において作成された形跡がないということである。ある問題が生じ、それに対処するなかで新規則を作って周知することはあっても、統一的な規則集はついに作成されなかった。

取引の規律は、米仲買たちの間で脈々と受け継がれた、いわば「しきたり」によって保たれ、逸脱する者が現れた場合は、仲間内での私的制裁を加えるか（先述の「仲間除け」など）、大坂町奉行所に訴え出るかのいずれかによって対処された。

いかにも前近代的だと思う読者もいるかもしれないが、規則を全て明文化することが必ずしも合理的とは限らない。あえて明文化せず、当事者の裁量に委ねた方が望ましい場合もある。このことは、堂島米市場の取引制度を考える上で非常に重要な点になるため、後に再び触れることにする。

規則集が存在しないならば、なぜ研究者は堂島米市場の取引を分析してこられたのか。それは、これから取引を始めようとする素人に向けて、市場内の専門用語や取引制度を紹介する解説本が、当時、数多く出版されていたからである。ここではそれらの内容を参照しながら、取引制度を紹介する。前章同様、江戸時代後期に完成していた制度を描写することに努める。

堂島米市場の組織

堂島米市場は、大きく分けて三つの空間に分かれていた。第一に、取引が行われた「立会場」、あるいは単に「市場」と呼ばれた空間である（「正空売買聞書」）。市場所には、後の証券市場に見られるようなサーキットが設けられていたわけではなく、路上に集って取引が行われていた（九二頁、図15参照）。といっても、誰もが入れたわけではなく、株を持つ者に限られていた。

立会場はさらに、東から西にかけて、米切手を売買する正米商い（スポット取引）の空間、先物取引である帳合米商いの空間、そして虎市《とらいち》（売買単位の小さい帳合米商い）の空間とに分かれていた（「八木のはなし」）。後述するように、帳合米商いが一〇〇石を最小取引単位としたのに対し、虎市では一〇石を最小単位としていた。「石建米商い《こくだてまいあきない》」とも呼ばれ、取引ルールは帳合米商いと同様であったと伝わるため、本書では詳しく取り上げない。

第二の空間は、事務所の役割を果たした「会所」である。ここには、米方年行司《こめかたねんぎょうじ》と呼ばれる頭取役（五名によって構成）をはじめとする職員が詰め、市場の取り締まりや、米方年行司への各種訴願の受付、紛争の仲裁、町触の伝達などを担った。

堂島米市場で取引を行う米仲買に株札が交付された際に、米方年行司が設定されたことはすでに述べた通りである（第三章、六三頁）。米方年行司の任期は一年で、現職者が後任を推薦し、大坂町奉行所の承認を受ける形で継承された。米方年行司は、在任中は大坂町人としての諸役が免除される代わりに、自己の売買は許されない決まりであったが、他人の名義を用いて密かに売買を行う者もあったとされる。

第三の空間は、帳合米商いの清算が行われた「古米場《こまいば》（消合場《けしあいば》）」である。これについては、帳合米商いの説明をする際に再び取り上げる。

堂島米市場の取引期間

堂島米市場では、一年を三期に分けて取引が行われていた（表3）。それぞれの期間は、四月限市《きりいち》、古米限市、極月《ごくげつ》限市、または単に春、夏、冬と呼ばれた。本書では便宜上、春相場、夏相場、冬相場と表記する。

各期間の最終日に注目すると、帳合米商いは正米商いより一日だけ早く終わっているが、これは清算が行われるためであったとされる。なお、ここに提示している日付はあく

	正米商い（スポット市場）	帳合米商い（先物市場）	立物米によく選ばれる銘柄
第１期（春相場）	1/8 ～ 4/28	1/8 ～ 4/27	筑前米、肥後米、中国米、広島米など
第２期（夏相場）	5/7 ～ 10/9	5/7 ～ 10/8	加賀米、米子米など
第３期（冬相場）	10/17 ～ 12/24	10/17 ～ 12/23	筑前米、肥後米、中国米、広島米など

表3　堂島米市場の取引期間　（出典）拙著［2012］をもとに作成

までも目安であり、数日ずれることもあった。

各取引期間に挟まれた期間は、公式には一切の取引が行われないことになっていたが、実際には「内証《ないしょ》」・「内景気《うちけいき》」などと称して、非公式な取引が行われていた。これは奉行の目をかすめて取引をしていたということではなく、堂々と、しかし「勝手」に、取引をしていたのである。「勝手」であるから、ここでついた価格が大坂町奉行所に報告されることもなかったし、何か問題が生じても、大坂町奉行所は関知しなかったはずである。この意味で「公的ではない取引」なのである。

非公式な取引が行われるのは、取引が行われている期間における休日もしかりであった。現在と違って曜日の概念はないのだが、盆・暮・節句に加えて、各種の祭礼日は休日とされていた。また、毎月一六日は休日となる決まりであった。

しかし、例年五月から八月の間は、これらの休日においても、取引が行われたことが知られている。さらに、毎年六月と七月の間は、「こそ」と称された夜間取引が行われた。詳しい取引制度は伝わっていないが、正規の取引時間が終了してから、翌朝、再び取引が始まるまで、夜通し行われたと伝わる。「こそ」(=こっそり)という名前が表現している通り、これもやはり「公的ではない取引」である。

このように、例年五月から八月にかけて休日も休まず取引が行われ、六月と七月にいたっては夜通し取引が行われたのは、この時期が米の作柄を大きく左右する梅雨時、台風の到来時期に当たるからである。

幕末の記録である「八木のはなし」は、この内の「こそ」について、「天災にて相場の大高下する時をもっぱらとする相場にて、多分正米・帳合の商人どもつなぎにする相場なり」と説明している。昼夜を問わず、市場に時々刻々ともたらされる情報を直ちに取引に反映させたい、という市場参加者の要望が、期間限定とはいえ、「終日取引」に結実したのである。

先に見た通り、米切手は金融商品の性質を帯びていたとはいえ、あくまでも米との交換を約束する証券であることに変わりはなく、米の作柄がその価格に大きく影響した(牧原・高槻・柴本[二〇一七])。米価を左右する材料が多い時期は、休んでなどいられない、枕を高くして眠ることもままならない。こういった人々が、米価を決めていたのである。

なお、諸史料によって堂島米市場の休日を数えると、一〇〇日前後になる。当時の太陰太陽暦に従えば、一年はおよそ三五〇日だから（閏月は無視する）、堂島米市場の公式の営業日数は、約二五〇日間であったことになる。不思議なことに、これは現代の取引市場とほぼ同じである。

正米商い（スポット市場）の取引ルール

続いて正米商いの流れを確認する。正米商いは、午前一〇時前後（四つ時）から正午前後（九つ時）までの約二時間（一刻）にわたって行われ、取引開始時点を寄付《よりつき》、取引終了時点を引方《ひけかた》と呼んだ。

当時は日の出から日の入までを六等分して「一刻」とする不定時制であったため、正米商いが行われた「一刻」という長さは、厳密に「二時間」ではない。夏のそれは長く、冬のそれは短いのである。

正米商いが始まる「一刻」前から、帳合米商いが始まっており、米方年行司をはじめとする米会所役員は、前日の終値や、先行して始まっている帳合米商いの動向に照らして、「言合せ《いいあわ》相場」ないし「申 合直段《もうしあわせねだん》」と呼ばれた寄付《よりつき》値段を公布した。そして水方《みずかた》と呼ばれる役人が拍子木を打ち、それを合図に米仲買が取引を始めた。

取引開始の時から、一番、二番、三番と、相場が高下するたびに、拍子木が打たれ、相

図18　「堂嶋米市」（出典）大阪府立図書館所蔵「浪華名所絵巻物」

場の様子が随時知らされた（図18）。

　正午になったところで取引を終え、その時の相場を「引方直《ひけかたね》段《だん》」ないし「大引直《おおびけね》段《だん》」と呼んだ。これが現代で言う終値である。この大引値段が、米会所より大坂町奉行所へと提出される相場となった。

　幕末に刊行された「浪華の賑ひ」には、堂島米市場の様子が以下のように記されている。ここでは原文の雰囲気を味わいたいので、あえて現代語訳はつけず、振り仮名も原文のままに付しておく。

> 朝《あさ》を寄付《よりつき》といひ、昼の休《やす》みを消《きえ》といふ、夕《ゆうべ》の終《おわり》を大引《おおひき》と号《ごう》す、されば早旦《そうたん》より夕日《ゆうひ》西《にし》にうすづく頃《ころ》まで市人《いちびと》浜《はま》に群集《むれつど》ひ、指頭《ゆびさき》を揺《うご》かして、数百万《すひやくまん》の斛数《こくすう》を相対《あいたい》す、其《その》すさまじき事《こと》、鼎《かなえ》の沸《わく》が如《ごと》し、其繁昌《そのはんじよう》すること浪花《ろうか》の一奇《いつき》観《かん》といふべし
>
> （「浪華の賑ひ　三篇」）

正米商いは正午で終わるが、後述する帳合米商いは夕方まで続けられたため、ここでは夕方の終わりを「大引」としている。取引の様子は「鼎《かなえ》の沸《わく》が如《ごと》し」、つまり鍋の湯がグラグラと沸き立つようですさまじいとしており、当時の喧噪を活き活きと伝えている。右にも「奇観」という表現が用いられているが、堂島米市場のことをよく知らない人々にとって、取引の様子は数百人が寄り集まって喧嘩をしているように見えたらしく、そこで飛び交っている言葉も、わけが分からないものだったと伝わる（「八木のはなし」）。

例えば、相場が何匁一分から何匁一分五厘の間で動いていることを「イツイツホリ」、何匁一分五厘から何匁二分の間で動いていることを「イツホリニフン」などと呼んだらしいのだが（「考定 稲の穂」）、確かに音だけ聞いても分からない。

これは現代の市場で言うビッド・アスク・スプレッドを示している。「イツホリニフン」を例にすると、買い手は何匁一分五厘で買う気配があり、売り手は何匁二分で売る気配があることを意味している。匁台が省略されるのは、短期的に動くのは分・厘の単位であったからであろう（一匁＝一〇分＝一〇〇厘）。これに対して、一分五厘で売り向かい、二分で買い向かうことを生業《なりわい》にする「すくい屋」という者たちもいた。

正米商いにおける売買単位は、米切手一枚、すなわち米一〇石を最小とし、一〇〇石以上の取引は「丸商い」、それ以下の取引は「潰し商い」と呼ばれて区別されていた。前者の方が米仲買へ支払う手数料が安く設定されていたことが知られる（米一石六〇匁とすれば、前者が〇・一六％、後者が〇・二五％の手数料となる）。米仲買は、自己勘定取引を行うこともあったとはいえ、売買の八〜九割が、大坂を含む諸国からの注文による売買であったとされる。この手数料（口銭《こうせん》）が彼らの収益源だったのである。

第一〇章で詳しく論じることになるが、大坂の米価は飛脚などを通じて、全国に伝達されていた。すなわち、全国に大坂の米価を情報として必要とする人々がいたのである。その内の全てが、堂島米市場で実際に売買を組んだわけではなく、地域ごとの取引米価の妥当性を検証するために参照されることも多かったのではないかと思われる。各地の米価が大坂と中長期的に連動する関係にあるとすれば、大坂米価をいち早く知って、それに基づいて地方米市場で売買を行うことで、かなりの確率で儲けることができるのである。

もちろん、大坂米市場に注文を出す者もいた。近江国蒲生郡鏡村《おうみのくにがもうぐんかがみむら》（現・滋賀県蒲生郡竜王町《りゅうおう》）に居住した玉尾《たまお》家がその好例だが、玉尾家の投機活動については後段に譲って（第一〇章）、ここでは正米商いの制度紹介を続けたい。

後述する帳合米商いと違い、正米商いにおいては、米仲買が敷銀を会所に納める必要はなかったと思われるが、顧客に対して損失引当金を積むように要求することもあったようである。筆者が把握している事例では、客が買持ちしている米切手の価格が大きく下がり、含み損が拡大した場合に、米仲買が当該顧客に現金の積み増しを要求している（拙稿〔二〇一六（A）〕）。

なお、米仲買に米切手ないし帳合米の注文を出す場合は、「さし値」といって価格を指定して行う場合もあったとする史料もあるが（「考定 稲の穂」）、管見の限りでは、米仲買が臨機応変に売買を行い、事後的に顧客に結果を報告している例ばかりである。電話やインターネットのない時代にあっては、米仲買にある程度裁量を与えて取引を行う形が一般的だったのではないだろうか。

正米商いにおける決済は、現金・現物（米切手）決済が原則であり、遅くとも四日以内に決済を完了させる必要があった。後段に紹介する帳合米商いにおいては、反対売買による差金決済が原則とされたのに対し、正米商いでは、厳密に現金・現物決済が義務付けられていたのである。正米商いにて米切手を売れば、翌日には現金が手に入るとする史料もあるため（『大阪市史　第三』三七一－三七三頁）、四日もかからず決済されるのが通例であったのかもしれない。

決済不履行に陥ることを「突く」と称し、一度でも突いた者は、以後取引を行うことは禁じられた。突きが生じた場合の損失は、取引相手が蒙ることとなっていたが、その者が支払い不能に陥っても、同じく以後の取引は禁じられた。しかし、永久に追放されるというわけではなく、損失額の内、三割から五割を弁済すれば、残りは容赦されて、再び取引を行うことができた。これを「アツカイ（曖）」と呼び、全額を弁済した場合は「丸アツカイ」として区別された。

なお、帳合米商いの場合、決済は相対《あいたい》ではなく集中的に行われるため、右の説明は正米商いのみに妥当するものである。

帳合米商い（先物市場）の取引ルール

続いて帳合米商いに目を移す。取引期間は表3（一〇九頁）で示した通りであり、やはり一年を三期に分けて取引が行われた。

帳合米商いに参加できるのは、正米商いと同様に株を有する者に限られていた。株を持たない者が帳合米を発注するためには、取引ごとに、一〇〇石当たり銀二匁五分の手数料を米仲買に支払う必要があった。満期までに反対売買によって決済を済ませる必要のあった帳合米商いにおいては、最低でも売りと買い、二回の注文が必要となるため、手数料は一〇〇石当たり五匁であったことになる。米一石を銀六〇匁とすると、これは約〇・〇八三％に当たる。正米商いの手数料は一回の注文につき〇・一六～〇・二五％とされたことからすれば、低額に設定されていたことが分かる。

また、米仲買は顧客より敷銀として米一〇〇石につき金二分～三分を預かり、注文主の損失が拡大した際の備えとしていた。米一石を銀六〇匁、金一両を銀六〇匁とすると、米一〇〇石は一〇〇両となり、敷銀は米代金の〇・五～〇・七五％に相当する。

売買の最小単位は一〇〇石とされたが、売買に当たっての単位価格、すなわち呼び値は全て一石当たりの価格で揃えられていた。これは正米商いも同じである。

日々の取引は、正米商いの約二時間前、午前八時前後（五つ時）から始められた。寄付値段（始値）は前日の引方値段（終値）に基づいて、会所によって与えられた。正米商いと同じく、参加者が買値、売値を叫んで、双方の価格が一致した時に約定が成立する形で行われ、取引が成立するたびに拍子木が打たれた。

売買に際しては手指によって数字が表現され、手のひらを自分に向ける場合は「買い」、手のひらを相手に向ける場合は「売り」を意味した。買うことを「取る」、売ることは「遣《や》る」と言ったらしく、相場では「取ろう取ろう」、「遣った遣った」という声が飛び交ったとされる（幸田［一九二四］）。

約三〇の銘柄の米切手を売買した正米商いと違うのは、帳合米商いにおいて取引対象となる銘柄は「立物米《たてものまい》」という、いわば指数であったことである。この点は後述する。

正午になって「暫時消」と呼ばれる休憩が入り、午後から立会が再開された。取引が活発な時には休憩なしに取引が行われたと伝わる。午後二時前後（八つ時）に取引を終了する原則であったが、これも状況によっては延長されることがあった。

このように取引期間、取引時間ともに、「いつまで」と固定するのではなく、原則を設けつつも、裁量で動かす余地を残しておく、というのが当時の人々の考え方である。そもそも現代のような時計のない当時にあっては、時刻も「何時何分」のレベルで把握されるものではなかった。したがって、帳合米商いにおいては、取引の終了時間も独特の方法によって定められた。

まず、会所の役人が「火縄つけます」と言って、三寸（約九センチメートル）の火縄に火を付け、拍子木を鳴らす（「摂陽見聞筆拍子」）。この火縄が消えた時に、水方が再び拍子木を鳴らし、その時に付いていた値段を「大引直段（引方直段）」、つまり終値とした。

この大引値段は「火縄直段」とも呼ばれ、翌日の取引が何らかの理由で大引値段をつけることができなかった場合に、この値段によって清算が行われた。また、当時の米相場を記録した史料において、多く記録されているのが、この火縄値段であった。

堂島米市場に関する古記録を集めた「米商旧記」という史料の宝暦九（一七五九）年一〇月二日の記事に「昔から火縄値段を御公儀へ報告してきたが、世間の人々はこれを知らないため、今日から大引値段を掛札にして掲げることになった（原文：昔より火縄消し直段、大引より御公儀様へ書き上げ候ことに候えども、世上存ぜざることゆえ、今日より大引直段掛け札始まる)」とある(「米商旧記」)。火縄値段が大引値段と見なされたこと、この取り決めがなされるまでは、市場の外側に火縄値段が積極的に公表されてはいなかったことが分かる。場外にいる者にとっても火縄値段は関心の的であったため、掛札として掲げて公示することになったのだろう。

立用《るいよう》

この火縄による終了時刻の決め方には、もう一つ重要な取り決めが存在した。それは、火縄に点火されてから消えるまでの間に、一件も約定がなされなかった場合に、その日の取引を全て無効にする、という取り決めであった。

これは「立用《るいよう》」と呼ばれ、前日以前からの取引が残存していれば、全て、前日の火縄値段で決済を行うものとされた。立用になれば、火縄に点火された後の取引だけでなく、その日に行われた全ての取引が無効になるため、市場における価格形成に多大な影響を及ぼした。

これだけ聞くと、随分乱暴な取り決めのように思われるかもしれないが、ひとまず当時の人々の説明を聞いてみたい。

【現代語訳】

火縄に火がついている間に、一人も取引を成立させる者がいないということは、それは相場が上昇し過ぎるか、下落し過ぎるかのいずれかであって、相場が大きく偏《かたよ》る時は、誰でも同じ考えを持つようになる。上昇する方に心が揃えば、買う人ばかりで売る人なく、相手がなければ商いが止まって、相場が潰れることになる。

【史料原文】

火縄に火のある内に、一人も商いするもののなきは、相場が一時に上り過ぐるか下り過ぐるかにて、至って相場の片寄る時は、幾人にても、皆同じおもわくに成り、上らんと思う心に揃う時は、買う人ばかりにて売る人なく、買い手なければ商い止みて、相場潰るるなり（「難波の春」）

これによると、立用に至るのは、買いか売りかのいずれかに注文が偏った場合であったことが分かる。現在の市場では、値幅制限が設けられていて、それを超える値動きが生じた場合、ストップ高、あるいはストップ安といって、取引を一時的に止めることになるが、堂島米市場の場合、値幅を明確に定めるのではなく、市場参加者の裁量に委ねられていた。現代風に言えば「裁量的サーキットブレーカー」ということになろうか。

立用の意義は、市場の急激な変動への対処にとどまるものではなかった。

【現代語訳】

帳合米商いに立用がなかったならば、資金力を持つ者が正米・帳合米ともに買注文を入れ、自然と高値になってしまうこともあり得る。立用によって潰れるということがあるがゆえに、それもできなくなる。立用には、奇々妙々のむずかしい意味がある。

【史料原文】

帳合に潰れなきものに決するならば、有徳の者、正米・帳合とも買いはやらし、かねはりにすれば、自然と高直になる道理なり、潰るることあるゆえに、その手段もなりがたく、奇々妙々むつかしき意味なり（「考定　稲の穂」）

この史料が示す所によれば、市場操作を目論む者がいた場合、市場参加者は立用の制度によって、その企みを阻止することができたことになる。おそらくその方法は、市場参加者が一致して、この者の買注文に応じないことであったと考えられる。

具体的に何をすれば(何をしようとすれば)相場操縦に当たるのかを、事前に、しかも客観的に決めておくことはむずかしい。堂島米市場では、この判断を現場にいる市場参加者に委ねていた。市場参加者が、「こいつは怪しい」と思えば、その者は取引から締め出され、立用が成立したのであろう。

右に紹介した立用の二つの機能、急激な価格変動の防止機能、そして相場操縦の防止機能は、いわば能動的に市場を止めることで健全な価格形成を守る機能であり、これが発動することを、当時の人々は「潰《つぶ》れ」と言った。一方、「自然止み」と表現される立用もあった。これは、取引が盛り上がらず、火縄に火がついてから消えるまでに約定が成立しない場合に発動する立用であり、筆者が把握する限り、少なくない頻度で発生している。

現代風に言えば「材料がない」ということだが、外部からの注文によって手数料収入を得ていた米仲買にとって、値動きの少ない相場は歓迎されなかったはずである。

取引の終わり

火縄が消えた時についた値段が終値となるところまで話を戻したい。終値がついたのだから、これで取引は終わりそうなものだが、実際には「公的ではない取引」が、その後も

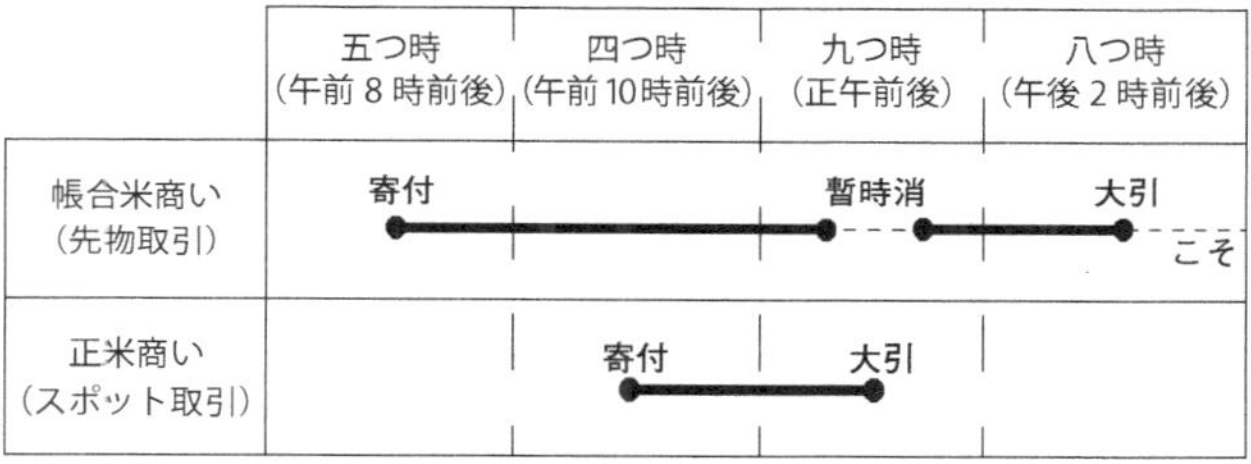

図19　堂島米市場における取引時間

しばらく続けられた。「御奉行様に相場を届けたところで、もうひと勝負」というわけである。先に紹介した「こそ」は、この流れに位置づけられるもので、六月と七月には、それが朝まで行われたということである。

もちろん、六月と七月以外には「取引の終わり」があった。火縄値段が確定した後も残留して取引を続ける者に対して、水方と呼ばれる者たちが、三回にわたって打ち水を行い、米仲買の退散を促した。堂島米市場を描いた絵に、水を撒《ま》く様子が描かれていることが多いのは、この場景が印象的だったからだろう（図15、九二頁）。

会所の役人が取引をやめるように、と叫んでも、言うことを聞くような者たちではなかったので、それならば、と水を撒くようになったものと思われる。ずぶ濡れになりながら、わけのわからない専門用語を叫んでもみ合う様子は、部外者の目には、やはり「すさまじき事《こと》、鼎《かなえ》の沸《わく》が如《ごと》し」（『浪華の賑ひ　三篇』）と映ったのではないか。

このように火縄値段がついてからも、取引はしばらく続けられたのだが、最も大事なのはやはり奉行所に届ける火縄値段であり、立用が発動されるなど、何らかの理由で残存している取引を清算せねばならなくなった時に参照されるのも、この火縄値段であった。

右に述べてきた取引の流れを図示しておく（図19）。

立物米の選定基準

続いて、帳合米商いにおいて取引の対象とされた立物米の検討に移る。立物米は、建物米、竪米などとも表記されるが、そもそも立物とは中心となる人物や役者を指す言葉であり、この漢字を当てるのがふさわしいので、本書では立物に統一する。

堂島米市場では、年に三期の取引期間ごとに一つの銘柄を、米仲買の投票によって選び、それを立物米と称して取引対象とした。おおむね冬相場と翌春相場は、同一の立物米での取引を行っていた。例えば、冬相場は筑前米、春相場も筑前米、夏相場は加賀米をそれぞれ単一の立物米として帳合米商いが行われた。

第二章で述べた通り、立物米を選定する慣行は、帳合米商いが生まれた一七世紀末ごろに形成されたと考えられるが、その選定基準について、幕末の史料（「八木のはなし」）には以下のようにある。

① 大坂に一定量以上が廻送される銘柄であること
② 米俵の内容がしっかりしていること
③ 三つ俵（三俵で一〇石となる俵）、二つ俵（二俵で一〇石となる俵）のように計算に便利な俵を用いていること

この内、①は立物米が最低限満たしていなければならない条件であり、米の廻送量は、そのまま米切手発行量と読み替えられる。つまり、市場に流動性を供給する銘柄こそ、先物取引の対象にふさわしいというわけである。

幸いにも一九世紀初頭から中期にかけて、欠落もあるとはいえ、主要銘柄の米切手発行量を月別に観察できる史料が残されており、これをグラフ化したものが、図20と図21である。西暦の横に付された数字は月を表す。

西国米（七八頁）と呼ばれた銘柄の内、冬相場（翌春相場）の立物米に選ばれることが多かった筑前・肥後・中国・広島の四銘柄は、特に「四蔵」と呼ばれて区別されていた。そこで、この四蔵について、それぞれの米切手発行量が、市場全体の米切手発行量の内、どの程度を占めていたのかを確認すると、一九世紀初頭から中期にかけて、四蔵全体で、ほ

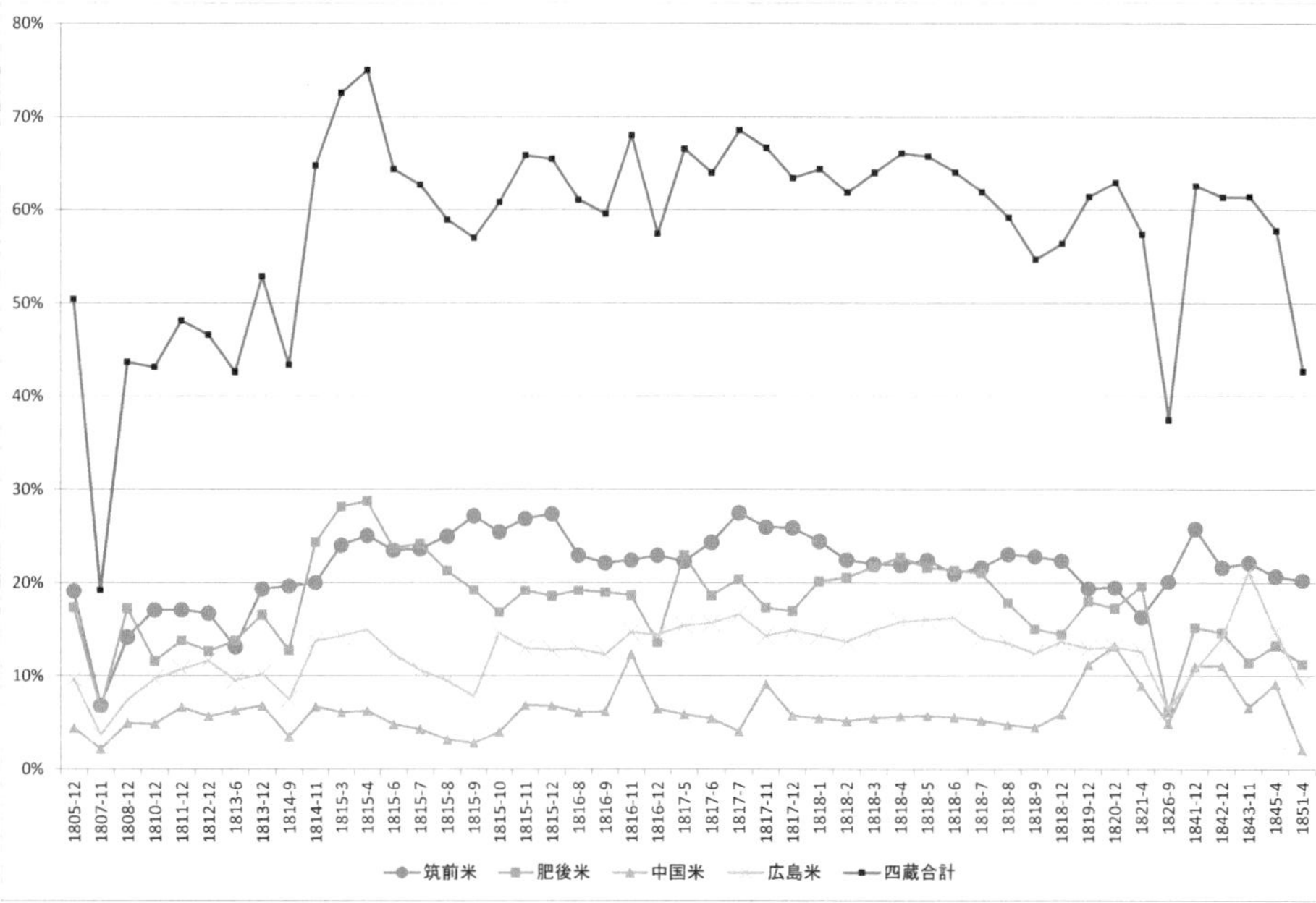

図20　四蔵構成銘柄の市場占有率　（出典）拙著［2012］、図2-4を転載

ぼ六割の占有率を維持していたことが分かる（図20）。しかも、秋の新米出回り期間に限らず、一年を通して高い占有率を維持していたことが分かる。堂島米市場の正米商いで取引される銘柄は、三〇程度であったと伝わるが、わずか四銘柄で半数以上を占めていたことは注目に値する。

個別銘柄について見ると、筑前米、肥後米の占有率の高さ、安定性が目立つ。特に筑前米は安定的に二〇％を上回っており、四蔵のなかでは立物米に選ばれることが最も多かったことと整合的である。

続いて北国米について見ると、加賀米がおおむね一〇％以下を、米子米は二％以下を推移していたことが分かる（図21）。四月から九月という、米穀供給の端境期《はざかいき》を支えたのが、加賀米をはじめとする日本海沿岸諸藩の米、北国米であったと言われているが、そうした期間にあっても、加賀米、米子米の占有率は、四蔵に比して低かったことになる。それでもなお、北国米銘柄が夏相場の立物米とされた理由について、史料には「新穀にて多くあるゆえ」（「八木のはなし」）とある。

堂島米市場では西国米の米切手、それも四蔵の米切手が圧倒的多数を占め、四蔵と加賀米の五銘柄で、市場の七割近くを占めていたことは特筆に値する。このことは、現存する大坂米相場の報知状や相場日記の類からも知ることができる。すなわち、そこで相場が記

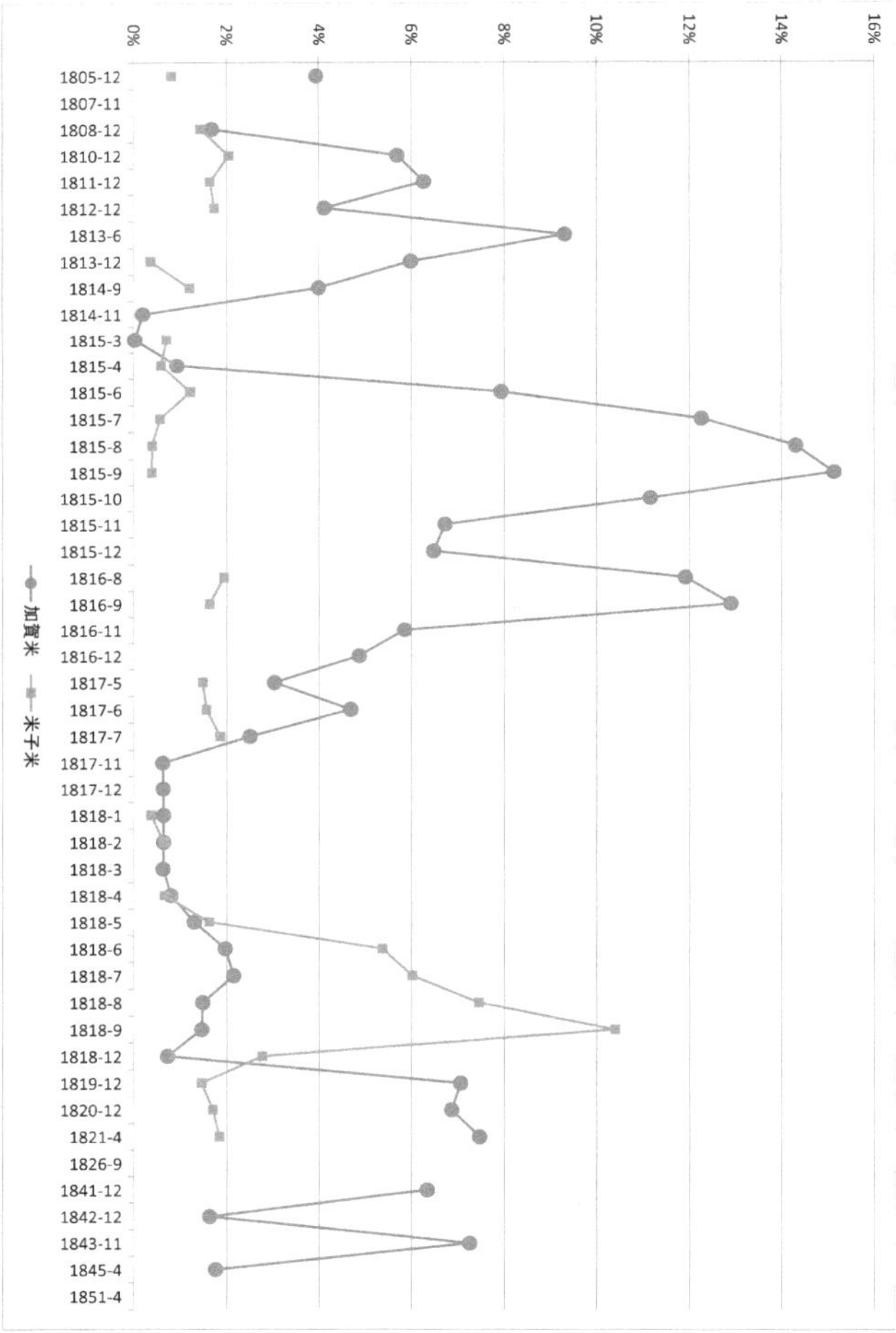

図21　北国米の市場占有率　（出典）拙著［2012］、図2-5を転載

録されている銘柄は、四蔵と加賀米に加えて、せいぜい肥前、筑後、米子などの数銘柄にとどまる。これらのごく限られた銘柄の価格によって、天下の米相場が形成されていたのである。

続いて、立物米に選ばれるための第二・第三の条件、米俵について確認する。米俵の大きさが大名によってまちまちであったことは先に述べた通りだが、例えば加賀藩の場合、五斗俵を用いたことが知られている。だが、この中に必ずしも五斗の米が入っていたわけではない。輸送中に米同士がこすれ合って、割れたり欠けたりすることで、目減りが生じてしまう。これを当時の言葉で「内味《うちみ》（内実）減少」と呼ぶ。

この目減り分は、米の購入者には損になってしまうだけでなく、目減りが多いということは、米の品質が悪いからだと理解されていた。当時の市場参加者向けの手引書「増補 懐宝永代蔵《かいほうえいたいぐら》」に、蔵屋敷ごとの内味一覧が載っていることからも、関心の高さをうかがうことができる。この「増補 懐宝永代蔵」は、筆者が把握している限り、初版（寛延元〈一七四八〉年）から数えて合計九回も版を重ねており、内味の数値は改版されるごとに更新されていた。

図22に示したものは、この内の寛政六（一七九四）年版であり、左側の加賀米の項に「二ツ　九斗八九升ゟ《より》石」と書いてある。これは加賀藩の用いる米俵が「二つ俵」、すな

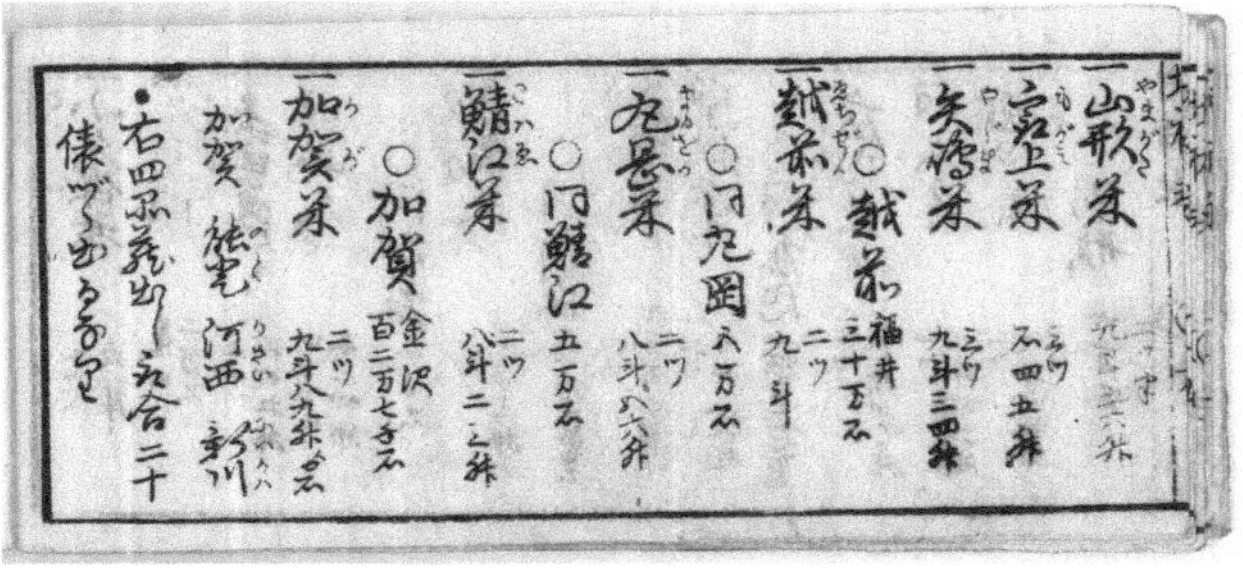

図22 「諸国御蔵米内実附」（出典）神戸大学附属図書館所蔵「増補 懐宝永代蔵」（寛政6年版）

わち二俵で一石の五斗俵であり、かつ一石あたりの内味が、九斗八升から一石の間であることを示している。

立物米に選ばれるためには、大量に米切手を発行した上に、「内味減少」を少しでも小さくせねばならず、そのためには米の品質を高めるか、あるいは一俵に詰める米の量を増やしておく必要があった。そこまでして、大名は立物米に選ばれるべく、競争を繰り広げていた。それは立物米に選ばれれば、当該大名の米切手価格が上昇したからに他ならない。その競争の様子は、次章で詳しく取り上げることにして、ここではこの立物米を取引した帳合米商いについて考察を進めていきたい。

三五歳デリバティブ限界説？

いよいよ帳合米商いの核心部分に入るが、本題に入る前に断っておくと、以下の説明は、金融取引に馴染みのない読者には、具体的なイメージが湧かないものになるかもしれない。筆者の講義においても、先物、デリバティブといった言葉を聞いただけで、自分とは無関係の世界だと思って、シャッターを下ろしてしまう学生が少なくない。

確かに現代の市場におけるデリバティブ取引は複雑なものもあり、筆者もこれらを知悉《ちしつ》しているわけでは全くない。恩師の一人である森平《もりだいら》爽一郎先生も、「三五歳デリバティブ限界説」、すなわち三五歳までにデリバティブを勉強しないと理解できないという俗説をジョークとして講義で紹介され、「だから若いうちに沢山勉強しなさい」とゼミ生を叱咤《しった》しておられたが、デリバティブ取引を理解するには、多くの時間と労力を必要とすることは確かだろう。

しかし、デリバティブ取引の「根っこ」の部分は、江戸時代の帳合米商いから変わっていないと思われる。まずはその「根っこ」を、江戸時代の米商人に教わってみるという気持ちで、以下を読み進めていただきたい。

立物米を取引するとは？

さて、筑前米を立物米として帳合米商いが行われるとして、一単位一〇〇石を買持ちしたまま満期日を迎えた場合、筑前米一〇〇石もしくは筑前米の米切手一〇〇石分（一〇枚）が満期日に手に入るのだろうか。

答えは否である。立物米を満期日まで後生大事に買持ちしていても、「早く売り埋めなさい」と督促されるだけである。売り埋めるとは、この場合、同じ一単位の売り注文を行って、買持ちしていた分を相殺することである。反対に、帳合米商いにおいて立物米を売っていたら、必ず満期日までに同量を買い戻して相殺しなければならない。

このように、帳合米商いでは立物米という帳簿上でしか取引することのできない（実体のない）銘柄を作り出して売買し、定められた満期日までに買いと売りの注文を相殺していたのである。

この取引を現代の取引に置き換えるならば、日経225先物やTOPIX先物が近い。日経225先物を満期日まで買持ちしても、満期日に「日経225」なる証券が手に入るわけではない。日経225はあくまでも指数であって、物体として受け取りようがない。これと同じように、帳合米商いにおける立物米も受け取りようがない。たとえ筑前米をもとに生み出されたものであっても、筑前米の米切手とは別物なのである。

「今期の立物米は筑前米だが、これは筑前米の米切手とは違う」。こう聞いて頭が混乱しない方がおかしい。なぜ江戸時代の大坂米商は、このようなややこしいことをしたのだろう。筆者が紙幅を費やすよりも、同時代の人に聞いた方が早い。すでに本書にも登場した山片蟠桃は著書「夢之代」で、以下のように説明している。

【現代語訳】

米切手で買持ちしていれば、運送費用もかからず、鼠に喰われたり、熱で劣化したりするなどの費用がかかることもない。火災の時にはこれを懐《ふところ》に入れて走ればよく、自由自在である。しかし、取引を始める時点で、米切手を持っていなければ、これを売ることはできない。したがって米切手を買うのは容易だが、売るのはむずかしいと言える。その点、帳合米は初めから売買を心のままに行うことができる。

【史料原文】

切手にて買いおけば運送・鼠・熱の費《ついえ》なし、火災には懐に入れて走るべし、ゆえにその術自由なり、しかれどもはじめよりなき米はうるべからず、ゆえに切手にて買うはやすくして売るはかたし、帳合米ははじめより売買心のままなり（「夢之代」）

前半部分は先に紹介した箇所でもあるが、保管費用を蔵屋敷に転嫁することのできる米切手の利便性を簡潔に述べている。しかし、これを売るのはむずかしい。なぜなら「持っていない米切手は売れない」からである。

証券取引に詳しい読者は、空売り（short selling）のことを思い浮かべるかもしれないが、空売りは江戸幕府が禁止する行為であった（拙著［二〇一二］）。したがって、正米商い（スポット市場）において、売り注文から取引を始めるためには、何はともあれ米切手を持っていなければならなかった。

これは不便である。なぜなら、米価が先行き値下がりすると確信している場合、みすみす儲けるチャンスを棒に振ってしまうからである。現在筑前米が一石あたり銀六〇匁で取引されているとしよう。九州方面の作柄が良いということを「独占的に」知っているあなたには、豊作を受けて先行き米価が下落することが目に見えている。今、米切手を堂島米市場において一石あたり六〇匁で売って、値下がりした後で買い戻せば利益を得られる。例えば六〇匁で売って五〇匁で買い戻せば一〇匁の利得が生じる。

金融取引に馴染みのない方は、この「売り」から入る取引に実感が湧かないかもしれない。米切手が先行き値上がりするかもしれないから、今買っておいて将来売りさばく、という「買い」から入る取引の方がイメージしやすいという学生も多い。しかし、値上がりも、値下がりも、等しく「材料」である。いずれもお金を儲ける可能性を生み出す（無論、予想が外れた場合にお金を失う可能性と表裏一体である）。

蟠桃の話に戻ろう。蟠桃は、この「売り」から入る取引を行う上で、帳合米商いが便利であると述べている。堂島米市場では、今、手元に筑前米の米切手を持っていなくても、筑前米を立物とする立物米を「今」売ることができる。なぜか。これを理解するためには、帳合米商いの決済方法を知っておく必要がある。

帳合米商いを「手仕舞う」

まずは安永九（一七八〇）年に大坂町奉行が江戸表の評定所《ひょうじょうしょ》に宛てた文書から見ていきたい。評定所とは、寺社奉行・江戸町奉行・勘定奉行によって構成される江戸幕府の最高司法機関である。次に掲げる史料は、ある事件に際して、大坂町奉行が評定所に判断を伺うために、帳合米商いの決済について説明した文書からの抜粋である。

【現代語訳】

日々の売買高は、全て米仲買より米方両替屋へ報告し、米方両替屋でこれを確認する。取引の限月に至ったら、売っていた米を買い戻し、買持ちしていた分を売り仕舞い、その差額を損得銀として授受する。一〇〇石を一口と定め、銘々が見込み次第に、いかほどであっても数量の制限なく売買する。

【史料原文】

日々の売買高はすべて中買より米方両替屋へ相違し、改め置き、取引の限月に至り、売り米売り《ママ》戻し、買持ち候分売り仕廻い、直段違いの損徳銀取引いたし、百石ずつを一口と定め置き、銘々見込み次第、いかほどにても米高の限りなく売買いたし（「御仕置例類集 甲類（第一輯）十下」より「不実商幷世話いたし候類」）

史料には「売り米売り戻し」とあるのだが、「買い戻し」の間違いと判断して、現代語訳では修正しておいた。さて、右の説明文の内、むずかしいのは差額として計算される損得銀（「直段違いの損得銀」）ではないだろうか。大坂町奉行の説明ではあまりにも淡泊なので、少し補足しよう。

あなたが取引期間中に帳合米商いにおいて立物米を一単位（一〇〇石）、米仲買・甲から一石あたり六〇匁で買ったとしよう。

この取引が終わると、あなたが甲から帳合米一単位を一石あたり六〇匁で買った、という記録が古米場（後述）に蓄積される。反対に、甲はあなたに帳合米一単位を一石あたり六〇匁で売ったという記録もなされる。この時点ではモノも金も動かない。ただ口頭で約定したのみである。

同じ日に、あなたは米仲買・乙に帳合米を一単位、一石あたり六〇匁五分で売ったとしよう。あなたは帳合米を甲から一石あたり六〇匁で買い、乙に一石あたり六〇匁五分で売ったので、一石あたり五分の利益が出ている。ここでは一単位の取引であるため、あなたは五〇匁の利益を得たことになる（五分×一〇〇＝五〇匁）。これが売り埋めるという行為である。売りから取引が始まっていれば、買い戻すことになる。

重要な点は、甲から買った帳合米を、乙という別の人に対して売り埋めているのに、あなたは取引を「手仕舞《てじま》う」ことができているという点である。これは、「古米場《こまいば》（消合場《けしあいば》）」と呼ばれる清算機関において取引が集約的に把握されているからこそ可能になる清算である。帳合米商いの参加者は、誰が相手であっても、取引期間最終日（当時は「限市《きりいち》」と言った）までに売りと買いを同量だけ契約すればよく、最初に約定をした時点での価格と、手仕舞った時点での価格差を損益として授受すればよかったのだ。

同じ取引を正米商いで行おうとすれば、最初に買い注文を入れた時点で、銀六貫（六〇〇〇匁）を用意しなければならないが、ここでは五〇匁が動くのみである。正米商いよりも少ない元手で参加することができたのが帳合米商いの特徴である。

右の例は「買い」から始まる取引であったが、「売り」から始まる取引でも全く同じである。正米商いで「売り」から入ろうと思えば、手元に米切手を持っておく必要があるが、帳合米商いの場合、その心配はない。ひとまず一石あたり六〇匁で売っておいて、あとは買い戻す時との価格差だけに気をつけておけばよい。運悪く米価が上がってしまい、六〇匁五分になってしまってから買い戻すならば、六〇匁で売ったものを六〇匁五分で買い戻したわけだから、五〇匁（五分×一〇〇）の損失が「古米場」に記録されることになる。重要なことは、ここでは米切手のやりとりもなく、わずか銀五〇匁が動くのみだということである。

山片蟠桃が「切手にて買うはやすくして売るはかたし、帳合米ははじめより売買心のままなり」とした理由はこれで明らかになる。元手金がなくても、米切手を持っていなくても立物米は取引することができる。しかも、「売り」から入ろうとも、「買い」から入ろうとも自由自在である。これが、「筑前米」とは別に「筑前米の立物米」が必要とされた理由なのであり、現在もデリバティブ取引が広く行われている理由なのである。

第二章において、大坂で先物取引が必要とされた理由は、「手狭にこれなき売買賑いのため」であったと述べたが、山片蟠桃の説明も全く同じである。「売買心のまま」であること。これが帳合米商いに期待された役割だったのであり、現代の言葉で表現すれば、取引の流動性を高めることにその本質があったと言ってよい。
延享五（一七四八）年に刊行された「米穀売買出世車図式」という、本書冒頭にも紹介した書物には、次のようにある。

【現代語訳】

諸商売の相場の多くは、大坂を根本としている。これはよく知られていることなので、ここに長たらしく記すことはしない。その中でも、米相場には帳合米商いというものがある。米を持たなくても、思惑次第でこれを売り、また米を入れておく蔵を用意しなくても、思惑次第で米を買うことができる。二〇俵から始まって、二〇〇俵の取引とし、さらにそこから千石、万石、万々石の売買を行うにも便利であり、毎日数万の人が取引を行っている。この相場の動きをうまく予想すれば、万両の金を得るのも瞬く間である。

【史料原文】

諸商売の相場、おおくは大坂をもって根本とす、人のよくしることとなれば、ここにくだくだしくしるさず、中にも米相場に帳合商いという事あり、正米を持たざれども、そのおもい入れをもってこれを売り、また正米を入れ置く蔵なくても、そのおもい入れにてこれを買い込み、二十俵より根ざし二百俵にかぶだちて、ないし千石・万石・万々石にても売買するに便ありて、毎日数万の人、市をなせり、その相場の高下をよくおもい入れたらば、万両の金を得んも、目をふらぬ間なり（「米穀売買出世車図式」）

取引を始める時点で米を持っている必要もなく、米を保管する蔵を用意する必要もない。わずかな元手で、大商いをすることも可能になり、うまくいけば大金を得ることもできるとしている。帳合米商いというものが、どういった市場として認識されていたかを、端的に伝えている。

多くの読者は「正米を持たざれども、そのおもい入れをもってこれを売り」の一文を、本書冒頭では見落としていたと思うが、「持っていないものを売る」とさらりと記されていることの一文が非常に重要であることを、今やご理解頂けたかと思う。

米方両替の機能

各取引期間終了日（限市）前の三日間は、「仕舞寄商い《しまいよせあきな》」と呼ばれ、取引を手仕舞うことに当てられていたとされる。この期間において新規に売買を行うことは禁じられており、後述する清算会員である米方両替も清算を引き受けなかったとされる。また、現在の先物市場においては、期先限月《きさきげんげつ》に取引を持ち越す「ロールオーバー」が一般的に認められているが、堂島米市場においては、それが認められず、未決済の取引は、必ずその取引期間中に清算される必要があった。管見の限り、その理由について明示した史料はないのだが、清算の頑健性を高める効果を持ったであろうことは想像に難《かた》くない。

具体的な清算業務は、古米場（消合場）と呼ばれた会所に米方両替が出張して執行した。第二章で述べた通り、米方両替は、遣来《やりくり》両替とも呼ばれ、その前身は、第二章で述べた通り、市場参加者が立物米取引の決済のために設けた支配人であった（三九頁）。第二章で述べた通り、米方両替には、堂島米市場が認可された翌年の享保一六（一七三一）年に五〇枚の株札が下されている。現在の清算会員と理解すればよい。

作成年代は不詳ながら、以下のことを米方両替が相互に申し合わせていたことが分かる史料が残されている。すなわち、みだりに大商いを引き受けないこと、新規の得意先、つまり米仲買との取引を開始する場合には、当該米仲買がそれ以前に取引をしていた米方両替の有無と、係争中の事案を抱えていないかを照会すべきこと、そして何かしらの落ち度がある者であれば取引を行うべきではない旨などである（「米商旧記」）。

わずかな手数料さえ支払えば、誰でも参加できる帳合米商いではあったが、米方両替がモニタリング機能を担っていたこと、不埒《ふらち》な行為を働いた米仲買に関する情報が、米方両替間で共有されていたことをうかがわせる。

帳合米商いに参加した米仲買は、売買が成立するたびに、その取引内容を差紙《さしがみ》と呼ばれた書面に書き記し、これを米方両替へ提出した。米方両替は、この差紙を個々の米仲買について集計し、一〇日に一度の頻度（時代による変化あり）で設定された「消合日《けしあいび》」に、それぞれの売りと買いとを相殺して、授受されるべき損銀、益銀を算出した。その際に、銀一貫目（一〇〇〇匁）につき銀一分（〇・〇一％）の手数料をとったとされる（「米穀売買出世車図式」、これも時期による変化あり）。

損銀を支払わなければ「そのものの顔にかかわり、場所で商いができぬ様になるゆえに、この廻り端銀（筆者註：損銀を指す）を即刻渡して、互いに顔を磨く事なり」とする史料がある（「考定 稲の穂」）。正米商いと違い、個々の取引に関する訴訟が、大坂町奉行所において取り上げられなかった帳合米商いにおいては、「顔」に基づく統治が死活的に重要であったので、相互に「顔を磨く」ことが求められたのである。

明和七（一七七〇）年に出版された書物には、「数千の人、毎日数十万俵うりかい、一俵も違わず日々に滞りなく帳面納まる事、またほかにたぐいなき商いなり」（「商家秘録」）とある。数値の信憑性はさておき、電子計算機のない時代に、大量の取引を滞りなく清算できた処理能力の高さには驚かされる。

こうした清算業務を、数百人の規模で処理していた米方両替は、大坂米先物市場の要であったが、まさにそれゆえに、ある米方両替の破綻が別の米方両替の破綻を生み、全体の綻びへと繋がる「システミックリスク」も内包していた。

宝暦一〇(一七六〇)年七月、米方両替の大和屋《やまとや》常次郎《つねじろう》が決済不履行に陥ったため(当時の表現では「倒れ」)、市場で騒動となり、大坂町奉行所に届け出たことが知られる(「米商旧記」)。その際に大坂町奉行所は、①今後決済不履行に陥る米方両替が一軒でも二軒でも生じた場合は、米方両替株仲間全体でその損失を負担すべきである旨、②米方両替は、資産規模がしっかりとしている商家を保証人として設定しておくべき旨を指示している。

管見の限り、これ以後、米方両替の「倒れ」が混乱をもたらしたという史料は見受けられないので、右の対策が功を奏したと考えられる。

帳合米商いは江戸幕府による管轄の外側にあったと述べたが、市場全体に影響が及ぶ場合は、大坂町奉行所が具体的な善後策を提示することもあった。そしてそれを仰いだのは、他ならぬ市場関係者であった。官と民が連携して市場の秩序維持に努めていたことが、堂島米市場の特徴なのである。

例外としての現物決済

帳合米商いは差金決済が原則であり、現物（米ないし米切手）のやりとりは一切行われないと述べた。しかし、取引期間の最終日に、正米価格と帳合米価格が乖離しているような場合に限り、米切手の受け渡しによる決済も例外的に認められていた。

この例外規則が生まれたきっかけは、元文二（一七三七）年の夏相場（立物米は加賀米）の最終日において、正米価格と帳合米価格が乖離したことにある。当時も今も、スポット価格と先物価格の差は「鞘《さや》」と呼ばれるが、当時の史料には、この混乱を「大さやにつき混雑に及ぶ」と表現している。なお、現代の先物市場でも用いられる「鞘寄せ」、「鞘開き」、「上鞘《うわざや》」、「下鞘《したざや》」といった表現は、江戸時代に生まれたものである。大坂米市場を解説した当時の書籍にも「帳合米正米より高きを上ざやといい、帳合米正米より安きを下ざやという」と紹介されている（「米穀売買出世車図式」）。

現代の商品先物取引のように、現物受け渡しによる決済が許容されている場合には、満期日にスポット価格と先物価格が乖離することはない。乖離するとしても、取引費用分の差異にとどまるはずである。しかし、現物受け渡しによる決済が認められていない堂島米市場においては、正米価格と帳合米価格が取引期間最終日に一致する「必然性」はない。

帳合米商いで取引された立物米は、たとえ加賀米や筑前米から派生して生まれたものであっても、加賀米や筑前米そのものではなく、あくまでもその取引は反対売買によって相殺されることが義務づけられていた。しかし、満期日においては、両者の価格は一致しなければならない。一致しなければ加賀米や筑前米とは全く関係のない指数を取引していることになり、もはや米取引とは全く無縁のマネーゲームということになってしまう。

幸い、基本的に両者の価格は満期日に一致する傾向にあった。例えば文化元（一八〇四）年の夏相場を例にとると、途中欠損値があるものの、満期日（一〇月八日）に向けて、両者が同一の価格に収束している様子がうかがえる（図23）。一〇月一日には五匁以上の鞘が開いていたにもかかわらず、である。

こういった鞘寄せが生じる具体的なメカニズムについて、江戸時代の人々は何も語ってくれていない。彼らにしてみれば当たり前のことだから、わざわざ書いてくれなかったのかもしれない。

理屈でこれを補うとすれば、裁定取引が行われたと考えるのが自然である。例えば、満期日の直前に帳合米価格の方が正米価格よりも高い場合、市場参加者は帳合米に売り注文を入れて、正米に買い注文を入れる。取引期間中はどれだけ鞘が開いていても、満期日には正米価格と帳合米価格が一致するであろう、という期待を市場参加者が共有できている限りにおいて、両者は一致するので、右のポジションを組んでおけば「確実に」儲かるの

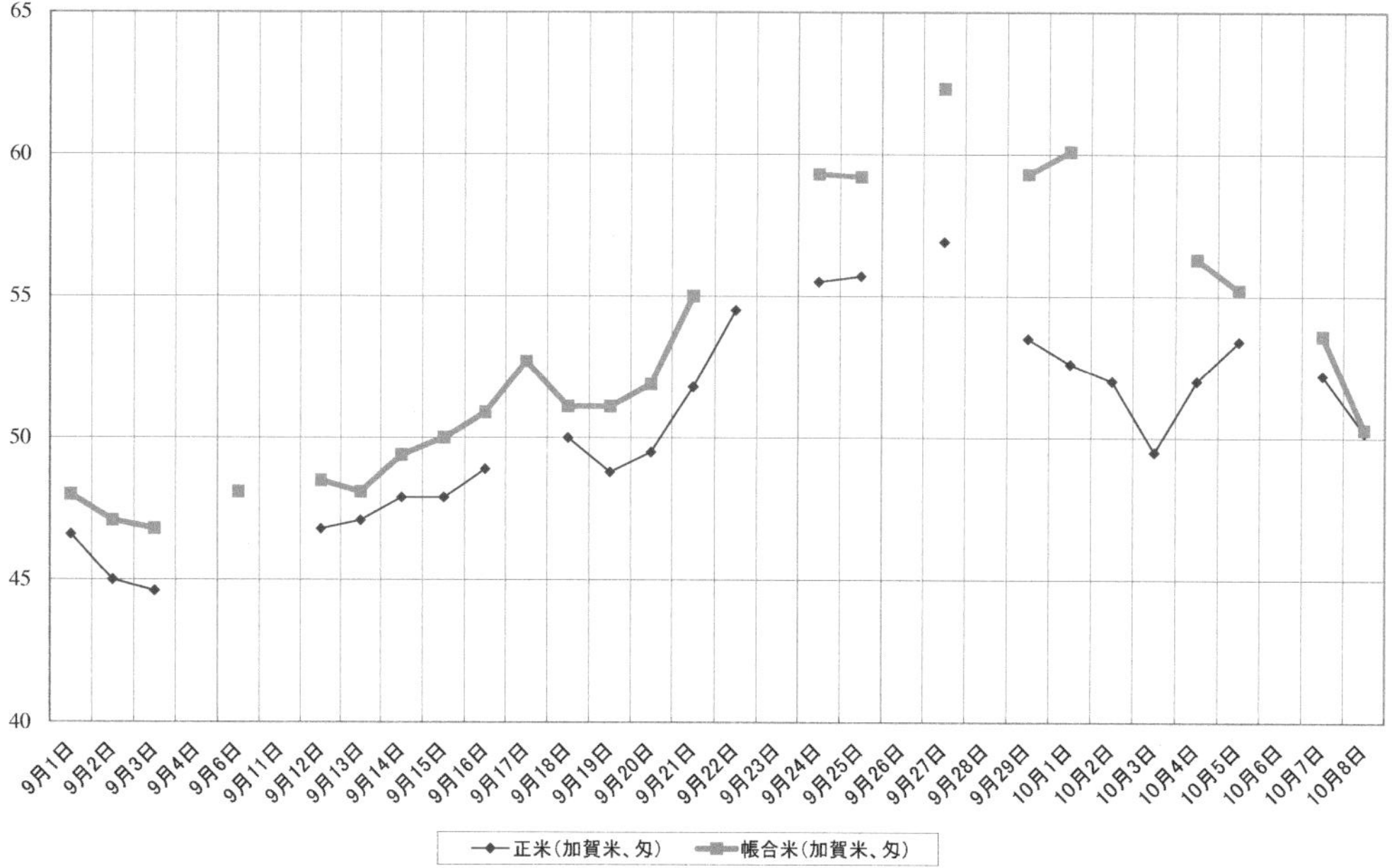

図23　文化元（1804）年夏相場における値動き　（出典）「万相場日記」442

である。

もちろん、同じことは誰もが考える。その結果、帳合米に売り注文が集中し、正米に買い注文が集中するため、帳合米価格は下落し、正米価格は上昇する。図23に見える、満期日三日前ぐらいからの急速な「鞘寄せ」は、右に示した裁定取引の結果と考えることができる。

しかし、両者の価格が満期日に一致するという期待がひとたび失われれば、「大さや」にもなり得る。元文二（一七三七）年の夏相場に、それが現実となったのである。

そこで、当時の市場関係者は、清算を行う米方両替一軒につき、一〇〇石から二〇〇石に限り、米切手の受け渡しによる決済を認めて欲しいと大坂町奉行所へ願い出て、それが許可されている（「米商旧記」）。当時、米方両替は五〇軒であったため、市場全体で一万石を上限として、米切手の受け渡しによる決済が認められたことになるが、これは堂島米市場で行われる取引のごく一部に過ぎない。しかし、たとえ一部であっても、いざとなれば満期日に米切手の受け渡しによって決済が行われるという期待が形成されさえすれば、満期日に鞘が開くことはなくなるということを、当時の人々は理解していた。

それを示すものとして、幕末に作成された取引の手引書を挙げる。

【現代語訳】

満期日に米切手の受け渡しで決済を行うルール〔筆者註：当時の呼称は「正銀正米取渡し仕法」〕は、元文二年より始まったそうである。〔中略〕取引期間の最終日には、帳合米商いでの取引を、米切手にて決済できるということを定めたルールである。これはつまり、正米価格と帳合米価格の鞘が寄るということを確認するために、「正銀・正米」と呼んだのである。この仕法が発動されるのは、取引最終日に正米と帳合米の鞘が寄らない時である。

【史料原文】

正銀正米取渡し仕法は、元文二巳年よりはじまりたるよし〔中略〕限日には、帳合米は正米切手にて取渡しできるという趣意を以て、取り極めたる仕法なり、これすなわち正帳さやが寄るという証拠のために、正銀正米と唱えるなり、正銀正米の取渡しになるは、限市《きりいち》に正帳鞘よらぬときのことなり〔「考定　稲の穂」〕

米切手による決済は、あくまでも例外的措置と理解されていたこと、この仕法があるがゆえに、最終日に鞘が寄ると考えられていたことが分かる。

帳合米商いはマネーゲームか？

とはいえ、帳合米商いは原則として反対売買によって清算されなければならなかった。帳合米商いにおいて取引対象とされた立物米という銘柄は、先にも述べた通り、筑前米など、実際の米切手を原資産（underlying asset）としつつも、筑前米切手の受け渡しは原則として想定されていない、いわば指数のようなものであった。

平均によって指数を作成する日経225やTOPIXの先物と似ていると述べたが、厳密に言えば、単一の銘柄を指数化して先物取引を行っていたという点で、帳合米商いは現代の指数先物とは異なる。現代で言えば、例えばトヨタ自動車の株式だけで指数を作っていることになる。

大事なことは、指数であろうが何であろうが、先物価格と現物価格（江戸時代の場合、米切手価格）は中長期的には連動していなければならないということだ。そして先物取引の満期日には鞘寄せが実現しなければならない。これらが満たされないならば、ただのマネーゲームである。

事実、江戸時代中期の儒者で、大坂の懐徳堂で教鞭をとった中井竹山は、次のように帳合米商いを批判している。

【現代語訳】

大坂において、大いに風俗を乱し、人心を害している第一のものは、堂島において帳合米と名づけている米の不実商いである。〔中略〕この商いに従事している連中の言い分によれば、帳合米商いによって米現物の価格を引き立て、相場の高下を宜しく調和するなどという。これは、最初に帳合米商いを企てた時に、お上をたぶらかし、人々を騙すための「偽《ぎ》説飾言《せつしょくげん》」であって、大いなる「詐術姦計《さじゅつかんけい》」である。不作でも豊作でもない常年の帳合米商いにおいてさえ、米の取引に何ら裨益《ひえき》するところはなく、調和するなどという説は取るに足らないものであるのに、まして大豊作の年において、米の現物価格は段々と下落しているのに、帳合米は別な価格を立てて、その高下で勝負をし、また大凶作の年において米の現物価格は段々と上昇して高くなっているのに、帳合米はまた別な価格を立てて、その高下で勝負をしていると聞いている。そうであるならば、豊凶とは関係がないのであり、実物の米とは全く別のものである。ただ米という名目を立てているだけであって、実際には麦でも豆でも油でも塩でも同じことである。ただ米が最も手広く取引されているから米の名目を立てているだけである。つまりは米を帳簿に替えただけのことであって「天下御免の大博打」というものである。

【史料原文】

大阪において、大いに風俗をやぶり、人心を害することの最上第一たるべきは、堂島にて帳合米と名づける米穀の不実商いなり〔中略〕その党のいいたてに、帳合米をもって生米を引きたて、相場の高下を宜しく調和するなどいうは、最初このことを企てたるとき、上を申し掠め、一世を欺罔《きもう》したる偽説飾言にて、大いなる詐術姦計なり、常年の虚相場さえ、実米において何の裨益もなく、調和の説取るに足らざるに、まして大豊年にて、実米段々下りに賤しくなれば、虚米は別に中価を立て、その高下にて勝負を決し、また大凶年にて、実米段々上りに貴くなれば、虚米はまた別に中価を立て、その高下にて勝負を決するよし聞き及べり、然れば豊凶を脇にし、実米とは判然別様のことなり、ただ米と名目を立てるのみにて、その実は、麦といいても、豆といいても、油にても塩にても同じことなるが、米は最も手弘き物ゆえ、是を托するのみ、必竟は米を帳にかえたるまでにて、天下御免の大博打というものなり（『草茅危言　五巻』より「米相場の事」）

帳合米商いは「不実商い」であると手厳しく批判している。ここで竹山の意見を長々と引用したのは、いかにも儒者風の、頭の固い意見陳述として紹介したかったからではない。竹山の指摘は、帳合米商いの核心、デリバティブ取引の核心を突いているからである。

帳合米商いが「実米とは判然別様」であって「ただ米と名目を立てるのみ」であるとするならば、竹山の言うように「天下御免の大博打」と言って差し支えない。現代風に言えば、実体経済とは「判然別様」のデリバティブ取引など、ただのマネーゲームである。竹山は、観念や感情によって帳合米商いを批判しているのではなく（そうした意識もゼロではなかっただろうが）、事実において「実米とは判然別様」だから、これを取りやめるべきだと主張している。右の引用に続く箇所に書かれているのだが、竹山は米切手の取引市場を否定しているわけではない。帳合米商いがなくても、正米商いは機能するのだから廃止すべし、というのがその主張である。

中井竹山が教鞭をとった懐徳堂は、堂島米市場から歩いて一〇分とかからない距離にある（七六頁、図4－2の右上に「学校」とあるのが懐徳堂である）。日々の堂島米市場における取引の様子を見聞きするなかで、右の結論に至ったのだろう。

しかし、彼の教え子にも「浜方」（堂島米市場関係者）の者がいた。懐徳堂で「今孔明」と英才を謳われた山片蟠桃である。蟠桃は、升屋《ますや》平右衛門《へいえもん》という米仲買を営む家の手代として経営に携わる一方、懐徳堂で学び、大著「夢之代」をまとめたことで知られる。

この書において蟠桃は、「平常は価《あたい》の差い《差異》ありといえども、四月・十月・十二月の限《き》りには正米・帳合米相場同価となるゆえに、血液通ずるなり」と述べている（「夢之代」、振り仮名は筆者による）。蟠桃は、たとえ両者の価格が離れていても、満期日には一致するので、両市場の間には血液が通じている、そう主張したのである。

満期日には鞘寄せするのだからよいではないかと考えた蟠桃と、平常時の価格差を問題にした竹山では、そもそも着眼点が異なっているのだが、ひとまず、満期日に鞘が本当に寄っていたか否かを検証してみよう。

筆者が江戸時代後期の米価データを用いて検証したところ、災害時や飢饉時など、米価が乱高下する時期や最幕末期を除けば、鞘は着実に寄っていたことが分かった（拙著［二〇一二］）。その典型的な事例が先に掲げた図23である（一四六頁）。平常時においては、米切手による決済を「へその緒」として、両市場の間に「血液」が通じていたのである。この意味では蟠桃の主張は的確であったことになる。

一方で、災害発生時には満期日に鞘開きが生じることも少なくなかった。具体例として、天明三（一七八三）年夏相場の値動きを見てみたい（図24）。

期間を通じて、鞘が拡大傾向にあったことが見て取れる。特に、七月七日に浅間山《あさまやま》が大噴火して以後、足元の現物需要が高まったことによって正米価格が騰貴し、最大で一五匁

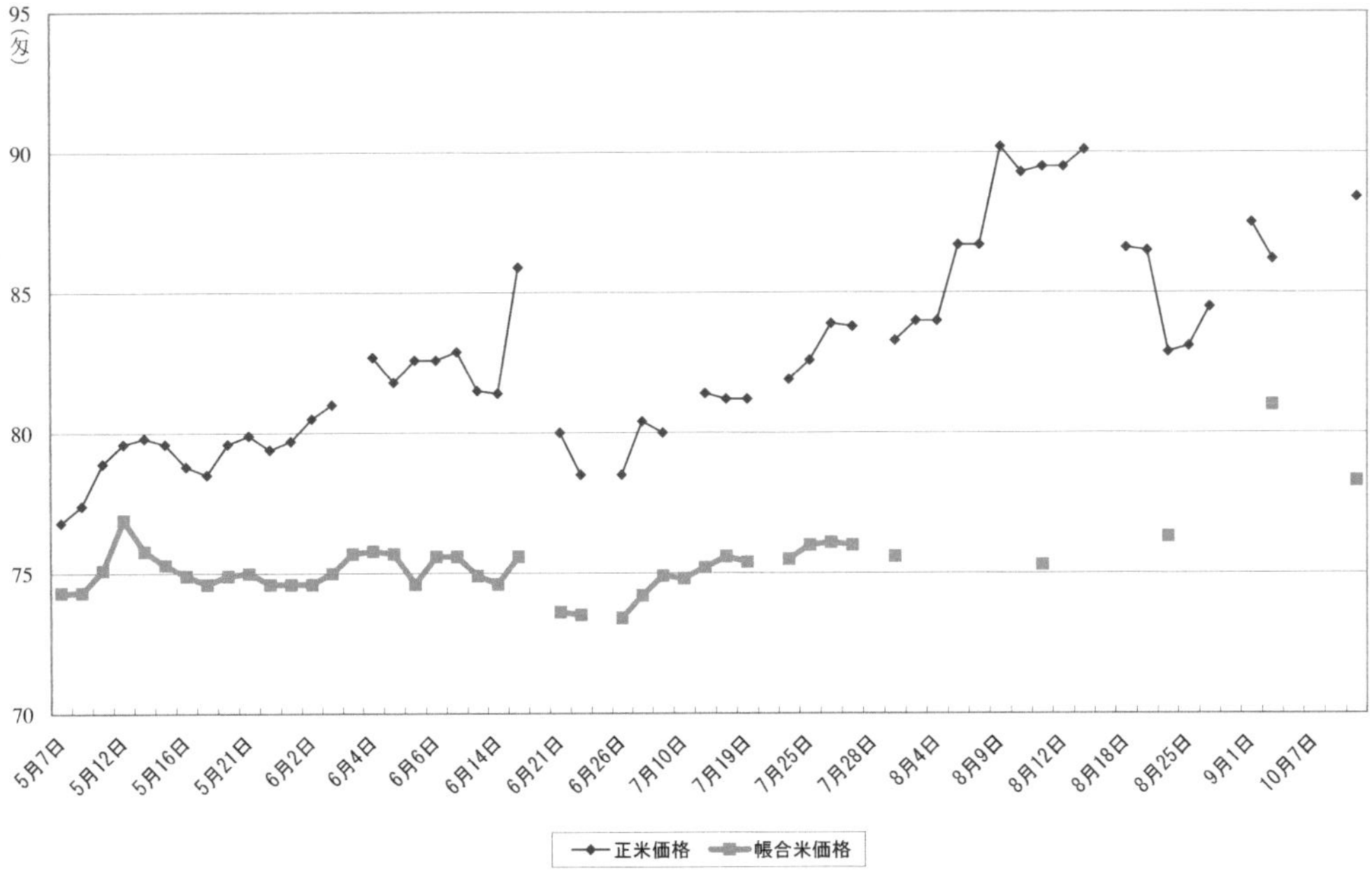

図24　天明3（1783）年夏相場における値動き　（出典）「万相場日記」441

以上、鞘が開いている。帳合米価格に大きな変化が見られないということは、当時の市場参加者は、この噴火に伴う需給逼迫《ひっぱく》は、早期に収束するだろうと考えていたことをうかがわせるものであり、これ自体興味深いが、ここでは鞘に注目したい。

八月下旬から九月にかけて、一端、鞘は縮小する動きを見せているものの、満期日近傍に至って、再び拡大している。九月の段階では、満期日に鞘が寄るとの見通しが持たれていたが、次第にその見通しが崩れ、鞘が拡大したものと考えられる。

このように、自然災害によって現物の需給が逼迫するような場合には、両市場間の裁定が働かなくなることが起こり得た。この点では師の中井竹山に軍配が上がる。また、彼らの死後であるが、幕末の堂島米市場では慢性的な鞘開きに悩まされ、明治二（一八六九）年には、まさにこの鞘開きを一つの理由として、廃止の憂き目に遭っている。堂島米市場は明治四年に再出発することになるが、そこでは、満期日における米現物の受け渡しによる決済が、例外規定としてではなく、ルールとして明記されている（拙稿［二〇一三（A）］）。つまり、堂島米市場は、明治四年以降に正真正銘の商品先物市場となったのである。

もっとも、幕末の状況だけを取り上げて山片蟠桃を批判するのは酷だろう。中井竹山の議論と山片蟠桃の議論のいずれが妥当するのかは、今もなお決着がついておらず、われわれが引き継いでいかねばならない問題であると言えるだろう。

なお、中井竹山の記した「草茅危言」の内、右に参照した部分(「米相場の事」)は天明八(一七八八)年一一月に老中・松平定信に提出されており(清水[二〇一六]、[二〇一八])、山片蟠桃の記した「夢之代」の内、右に参照した箇所は「大知弁」という名の著作として、文化九(一八一二)年に江戸幕府に提出されている(末中[一九七六])。これらについて、幕閣内部でどのような議論がなされたのかは分からないが、正米商いと帳合米商いの両輪が、江戸幕府瓦解まで存続したことは確かである。

第六章　大名の米穀検査

米の品質を巡る競争

第四章では米が蔵に納められ、米切手が発行されるまでの流れを確認し、第五章ではその米切手が堂島米市場で取引される流れを確認した。後者の説明については、穀物市場というよりも証券市場のような印象を受けた読者も多いのではないかと思う。堂島米市場は、米現物ではなく米切手という証券を取引した市場であるから、そのような印象を抱いて当然だが、米切手の価値は、あくまでも米一〇石と交換できることから生じていたことを想起されたい。

現代と同様、一口に米一〇石といっても、産地によって、また年によって違いがある。当然、良質の米だという評判を得られれば、その米の米切手の価値は高くなるし、第五章で紹介した標準取引銘柄・立物米に選ばれれば、さらなる価格上昇が見込まれた。このことは、立物米に選ばれた蔵屋敷が、市場関係者に「与内銀《よないぎん》」（余内銀）と呼ばれるご祝儀を配る慣行があったことからもうかがうことができる。現在の市場で言えば、日経平均の構成銘柄に選ばれると、当該銘柄の株価が上昇するようなものだろう。

一方、悪評が立った場合も価格に与える影響は大きい。代わりの米はいくらでもあるからである。ある大名の産米が評判を落とせば、直ちにその需要は他の大名の産米に奪われる。大名が農民に米を生産させ、大坂をはじめとする大市場へと粛々と運ぶというシンプルな経済構造（第一章）の下では、産米の評判が大名財政に大きな影響を与えた。ここに、大名たちが産米の品質管理に意を向ける誘因が存在した。

第四章で、大坂に廻送された貢租米が抜き取り検査を経て蔵納めされていたことを確認したが、本章では国元で貢租米を集荷する際に実施された検査を、江戸時代に高い評価を得ていた肥後米（山田［一九六〇］）に焦点を当てて検討したい。

宝暦二（一七五二）年の段階で熊本藩の収入の九六％が米納年貢であり（立木［一九九五］）、江戸時代中期には毎年一〇万石の米を大坂に廻送することを基本としていた熊本藩にとって（拙稿［二〇一五］）、肥後米の評判は財政上を大きく左右する問題であった。もちろん、同様の構造は他藩にも当てはまる。各藩とも自身の蔵米が立物米に選ばれるべく、あるいは評判を高めるべく、さまざまな手段で大坂の米商人に働きかけていたが（拙著［二〇一二］）、ここでは代表的事例として熊本藩の取り組みを紹介する（以下、拙稿［二〇一五］に基づく）。

「見付」と「地味相応」

宝暦一一（一七六一）年、熊本藩の沿岸部に位置した大浜《おおはま》村・小浜《こばま》村（現・熊本県玉名《たまな》市）

の農民は、納めようとした年貢米が高瀬蔵《たかせぐら》という蔵に詰めている役人から突き返されるという状況に直面した。その理由は、「高瀬蔵のお米は、大坂に積み登せる分であるから、見栄え（当時の言葉では「見付《みつけ》」）の悪い米が交じってはならない」というものであった。これに対して、両村を支配した民政役人（郡頭《こおりがしら》）は、熊本城下の郡間《こおりのま》に詰める郡代に陳情を行っている。その内容は次の通りである。

すなわち両村は海辺筋に位置しており、「穂枯《ほがれ》」に悩まされてきたが、昨年から「天草《あまくさ》弥六《やろく》」という品種を試しに少しだけ植えてみたところ、「穂姿」もよく、「地味相応《じみそうおう》（＝土壌の性質に適っている）」であるとの結果を得た。そこで今年は多めに植えて、その収穫米を高瀬蔵に運んだところ、受け取りを拒否されてしまった。このままでは農民が難渋してしまう。納める米は入念に選別をするので、上納米をどうか受理して欲しい。

この陳情の結果は詳らかではないが、見栄え（見付）の良さを重視する高瀬蔵の役人と、「地味相応」であることを材料に蔵納めを要求する民政役人（ないし農民）とで、対立が生じていたことが分かる。「見付」と「地味相応」の内、大坂米市場が重視したのは前者であったことは論を俟《ま》たない。

熊本藩の米穀検査制度

では、この高瀬蔵ではどのように検査が行われたのであろうか。慶応四（一八六八）年の時点で、熊本藩は領内の九ヵ所に米蔵を設置していたが、このうち、高瀬・八代《やつしろ》・川尻《かわじり》の三つは「津端《つばた》三蔵」と呼ばれ、この三蔵に納める米は「大坂御登せ米に相成る」商品米とされた。特に高瀬蔵（現・玉名市）は、玉名・菊池《きくち》などの穀倉地帯から米が納入された蔵で、一九世紀初頭には集荷量、積出量ともに最大の蔵であった（『玉名市史 通史篇 上巻』）。

高瀬蔵に農民が年貢米を納める（蔵納め）日程は、村ごとにあらかじめ定められており、年貢支払い主は一俵ごとに払い主の名前と居所を書いた差札を差し、年貢支払い主を代表する「払頭《はらいがしら》」をたて、蔵に米を運ぶ。

蔵納めに当たっては厳重な検査が行われ、検査に合格したもの（通俵）、規定分量に満たないもの（欠俵）、俵の見た目が悪いもの（皮刎）、米質や俵拵《たわらごしら》えが不良のもの（刎俵）、湿気を含んだもの（濡俵《ぬれびょう》）などに区分され、通俵と、許容される範囲での欠俵が蔵納めとなった。先程の大浜・小浜村の場合、「見付」が悪いと判断されて「刎俵」とされたのであろう。

この他にも赤米・青米交じりが多いとして「刎俵」となる場合もあった。赤米とは、熊本藩でも栽培されていた大唐米《だいとうまい》というインディカ型の品種を指す（武井［二〇一五］）。青米とは、未成熟のため青みがかったように見える米のことを指す。赤米は粒が長いことを特徴としており、異なる品種であるので、これを選り分けるのは理解できるが、一定程度の青米が交ざることとすら許さないとは厳しい。

厳しい検査に裏打ちされ、大坂米市場においても、肥後米の中でも高瀬蔵の米は最上位に評価された（原文：「大坂表にても高瀬口と申すは一番」、「覚帳」文四・一・五）。しかし、天候不順の影響を受けてだろう、天明四（一七八四）年から六年にかけて、その品質を落としていた。天明六（一七八六）年五月、郡頭が郡間に差し出した書付には、当時の検査体制の問題点が指摘されていて興味深い。その内容を摘記すると以下になる。

① 二度も三度も詰め直しを命じられ、蔵納めが完了するまで数日を要することから、仕直しを命ぜられた俵一俵につき、米五合の料金で業者に納め方を依頼して、自分は村に帰ってしまう「頼払《たのみばらい》」という行為が横行している。いっそのこと、蔵の中で俵の詰め直しをさせればどうか。

② 俵の皮・縄について、初秋から手配りして色の良い藁を用意しておくべき所、「皮刎」になってから高瀬蔵近くの町場で皮を買い求める者も多い。いくら俵を綺麗に仕上げても、船積みをする時に乱雑に扱われることを農民たちも知っているので、あまり厳しく皮・縄の質を問う必要はないのではないか。

高瀬蔵の周辺には旅宿もあり、村を代表して年貢米を納めに来た「払頭」は、数日間逗留することもある。それを難儀に思うからこそ、「頼払」という代行が行われたわけだが、郡頭としては、農民の難渋を取り除くために、詰め直しを蔵役人の前で行わせて、時間短縮を図るべきだと考えたのだ。また、米俵の外観についても、厳しく問う必要はないのではないかと提案している。

全体的に郡頭は、農民の側に立って陳情を行っていることが印象的である。米俵の検査は、役人の主観も入ってしまう（原文：「御役人の心持ちにも寄り申すべきか」、「覚帳」文四・一・十五）ことを認めた上で、農民の難渋を取り除く必要があるとの論調で統一されている。

右の提案に対し、郡間は、「入実《いりみ》」と「米性《こめしょう》」はこれまで通り厳しく審査するが、「俵扱い」については大概であれば蔵納めを認めること、「頼払」は厳禁とし、刎俵となれば、農民自ら蔵内で仕直しすべきであることを達している。おおむね、郡頭の提案が受け入れられたと言っていいが、「頼払」については、その後も繰り返し禁令が出されていることから、根絶はできなかったと思われる。

天明四（一七八四）年、同五年については、高瀬蔵での検査状況が数量的に把握できる（表4）。この両年は、平年に増して刎俵が多かったからこそ、こうした統計が残されたと

【天明4(1784)年10月の検査結果】

記号	項目	俵数	Aに対する割合
A	初納より10月10日までの納高	88,768	-
B	内、刎俵になった分	13,539	15.25%
C	内、3升3合欠けより1合欠けまで	10,598	11.94%
D	内、悪米のため門出になった分	714	0.80%

【天明5(1785)年10月の検査結果】

記号	項目	俵数	Eに対する割合
E	初納より10月晦日までの納高(H+K)	62,950	-
F	内、合格分	46,033	73.13%
G	内、刎俵になり、仕直した分	15,508	24.64%
H	御蔵入分（F+GまたはI+J）	61,541	97.76%
I	御蔵入となった俵の内、無欠	55,659	88.42%
J	御蔵入となった俵の内、欠俵	5,882	9.34%
K	残、門出になった分	1,409	2.24%

表4　高瀬蔵における検査状況　（出典）拙稿［2015］より作成

注：「門出」とは門前払いを意味する。

いう事情があるため、その点を割り引かなければならないが、天明四年は一五％、同五年は約二五％の俵が検査に合格せず、詰め直しとなっていたことは注目に値する。

天明四年から同六年は、天候不順によって夥しい損毛の発生した年だが（『熊本藩年表稿』）、それが量のみならず、「米性」にも悪影響を及ぼしていたとするならば、輸送中の内味《うちみ》目減りは、例年より大きかったと考えられる。輸送中に米同士がこすれ合って割れたり欠けたりすることで、目減りが生じてしまう。これを当時の言葉で「内味（内実）減少」と呼び、米の品質が悪ければ目減り分が増大すると考えられていた（第五章一三〇頁、図22に関する説明を参照）。

それでも高瀬蔵では厳重な検査を実施し

ていた。藩庁は皮・縄については検査基準を緩めたかに見えるが、「入実」と「米性」については譲歩しなかったのである。

三澤純氏の研究によれば、明治三（一八七〇）年、大坂登せ米の「手本見せ米」二俵を高瀬蔵へ納付するよう指定されていた荒尾郷の樺《かば》村では、村内で一八〇人余の出夫（一八六四年時点の人口七〇四人）を動員して、格別入念に「一粒選り」を行う負担があまりにも大きいとして、藩当局に対して、納入を免除してもらうか、あるいは賃銭を支払って欲しいと要求している（三澤［二〇一五］）。

この「手本見せ米」とは、大坂での払米入札に先立って、米仲買に開陳する見本米である。その良し悪しが、その年の米価格を左右したため、熊本藩としても特に意を配っていたものと思われる。米俵二俵分の米を、一八〇人を動員して一粒ずつ選り分けるという執念は、大坂米市場との関連を踏まえなければ到底理解できないものである。

市場経済と地域社会

右に観察した事象は、熊本藩に固有のものではなかった。筑前米は充実した内味（一俵に含まれる米の量）を維持して、市場での評判を勝ち取っていたし、加賀藩も、一八世紀初頭のころから「大坂での米の入札価格が下落しては、莫大な損失につながるので、重要なことである（原文：大坂表御払い直段、もってのほか下直《げじき》にこれあり候ては、莫大の御損失にまかりなり、大切の儀に候）」とした上で、「米撰方」に念を入れるよう、農民に達している（『藩法集4　金沢藩』、武井弘一氏の教示による）。

一八世紀中ごろの佐賀藩も「大坂において米の品質が悪いと評判が立てば、全体の入札価格に悪影響を与え、財政上、大きな痛手となる（原文：大坂において、米仕出し悪しき唱えこれある節は、一体の直段に差し構え、大分《だいぶ》の御不勝手相成る事に候）」とした上で、代官、大庄屋、小庄屋に対して、俵拵えの厳格化を徹底するように求め、個々の米俵について、何郷何村何某が作製した俵であることを明記した札を差し込むことを領民に義務付けている（「所々津出蔵米出入手数等」）。熊本藩でも高瀬蔵を筆頭に、大坂に積み登せる米を収納した蔵では、一俵ごとに名前と住所を書いた差札を差させていたが、それ以外の蔵、すなわち領内消費分（含・俸禄米）の米を集めた蔵では求められていなかった。

年貢米の俵装を厳しく検査し、青米などを取り除いていたという点では幕府領も同様であったが、管見の限り、一俵ごとに名前と居所を明記させるレベルでの検査が幕府領で行われたとする史料は見出せていない。

大坂米市場という競争の激しい市場で評判を勝ち取るには、米を産出し、俵装する地域社会の協力と負担が不可欠である。年貢米が厳密に検査されたことは、近世史研究では以前から知られていたが、そこで強調されてきたのは収奪としての側面であった（渡辺［二〇一六］）。「頼払」を活用するなど、したたかに対応した農民ではあったが、それでも「一粒選り」が象徴するように、かなりの負担を強いられていたことは確かであり、「地味相応」よりも「見付」を要求される局面もあったことは看過できない。

ここで強調したいのは、大名がこうした負荷を領民にかけた背景として、大坂米市場での競争があったことである。他藩より少しでも高く米を売りたい、立物米に選ばれたい、という「経済の論理」が、肥後米、加賀米、肥前米といった、いわば「領国米ブランド」の成立に結実した半面、農民には重い負担としてのしかかっていたのである。

地租改正と産米品質

もっとも、熊本藩も農民に全く報いなかったわけではなかった。俵拵えを入念に行ったなどとして、農民を褒賞する記事は、熊本藩の住民評価・褒賞記録である「町在《まちざい》」に散見される（「「町在」解析目録」http://kijima.lib.kumamoto-u.ac.jp/）。とはいえ、これがどれほどのインセンティブを農民に与えたのかについてはやはり検討の余地がある。

一八七〇年代から八〇年代にかけて、廃藩置県と地租改正によって領主制は解体し、物納年貢から金納地租への切り替えが進む中、熊本県を含む全国各地で産米品質が悪化したことが知られている（大豆生田《おおまめうだ》［二〇〇七］、［二〇一六］）。砂を交ぜたり水をかけたりして目方をごまかす、良米と称しつつ粗悪米を混入する、などの行為が横行したのである。

肥後米、中国米（萩藩蔵米）など、かつて堂島米市場で高く評価された銘柄の品質が悪化したことは、かえって幕藩体制下の年貢米品質維持機能の力強さを浮き彫りにする。同時に、江戸時代においては、農民が品質プレミアムを獲得していなかったことを示唆している。品質プレミアムとは、高品質の商品を生産することによって得られる追加的な利得のことだが、江戸時代においてそれを獲得したのは大名であって、農民ではなかった。そうであればこそ、金納地租へ切り替わった途端、農民は目先の利益を優先する行動に及んだのであろう。

大豆生田氏の近代米市場の研究から、江戸時代の大坂米市場における競争の結果生まれた追加的な利得は、農民にまで届いていなかったとの推論が成り立つ。だからこそ、熊本藩のように「褒賞」という対応がとられたのかもしれない。もっとも、この点については、熊本藩以外の事例も含めて横断的に検討していく必要が今後の研究に求められる。年貢の負担は、量のみならず質についても検討しなければならない。

第七章　宝暦一一（一七六一）年の空米切手停止令

一八世紀中期の危機

第六章までは、言わば舞台装置の説明だった。以下では、大坂米市場という舞台で繰り広げられた、江戸幕府と市場との格闘を観察、考察していきたい。じつに長い「前振り」であったが、この「前振り」なくして、後段の内容をご理解頂くことはむずかしいのである。

第一章で概説した通り、開発の一七世紀を経て、一八世紀初頭には深刻な米余りの状況が現出した。当然、米価は頭打ちとなり、米を市場で売ることを財政の柱とした領主階級にとっては、財政的に厳しい局面を迎えていた。

その打開策として認可されたのが他ならぬ堂島米市場だったわけだが、江戸幕府、諸大名は少しでも財政収入を増やそうと、この他にもさまざまな手を尽くしていた。江戸幕府について言えば、その手段とは新田開発と年貢増徴であり、これが八代将軍徳川吉宗《とくがわよしむね》の主導した享保《きょうほう》の改革の柱であったことは、よく知られている。

しかし、このころには耕作適合地の開発はすでにあらかた済んでおり、生産性の低い土地を強引に新田とすることも目立った（武井［二〇一五］）。また、「百姓と胡麻の油は絞れば絞るほど出る」という勘定奉行・神尾春央《かんおはるひで》の言葉に象徴される年貢増徴政策も、結局のところ、新田開発と同様に市場への米供給を増やすことになり、米価の押し下げ要因として働いた。

つまり、米価下落→年貢増徴・新田開発→米の供給増→米価下落、という悪循環に陥っていたのが享保期（一七一六〜三五）だったわけだが、一八世紀中葉のいわゆる田沼《たぬま》時代になると、年貢増徴と新田開発という打開策は機能しなくなっていた（中井［一九七一］）。切り開くべき土地はすでになく、年貢率は限界まで引き上げられていたなかで、江戸幕府が追求したのは、支出を少しでも減らすこと（省略）と、収入を少しでも増やすこと（御益《おんえき》）であった（藤田［二〇〇七］、［二〇一八］）。

一八世紀中後期にかけて、その先頭に立っていたのが田沼意次《おきつぐ》であり、政策上の実施部隊となったのが勘定奉行以下、勘定所の役人であった。「省略」と「御益」をスローガンに、この時期の江戸幕府は、砂糖の国産化や鉱山新興などのさまざまな施策を打ち出しているが（藤田［二〇〇七］）、こうした動きは大名とて例外ではなかった。

収入の米納年貢依存から脱却を図る動きは、紅花《べにばな》・煙草・綿などの商品作物生産の展開となってあらわれ（中西［二〇一三］）、その土地に見合った産物を作るべしとの議論が活発になされるようになった（小関［二〇一二］）。「中期藩政改革」と呼ばれる、諸大名による一連の施策は、米を中心とする経済がもたらすひずみへの対応、という側面を有していた。

空米切手問題の顕在化

米価が頭打ちとなり、米に頼った財政が厳しい局面を迎える中、一部の大名は、苦しい資金繰りを支えるために安易な米切手発行に走った。第四章で確認した通り、米切手とは諸大名の蔵屋敷が発行した一枚あたり一〇石の米との交換を約束した証券である。特定の米俵と結びついているものではなく、「任意の米」との交換を約束するものであったため、大名は蔵にない米についても米切手を発行することを常とした。

大名は全ての米を一度に大坂に運んでくるわけではなく、例えば西国大名の場合、毎年秋から翌春にかけて分割して米を運んできた。春まで待てない、さしあたって現金が欲しいと考えるならば、秋の時点で、少し多めに米切手を発行するのがよい。米切手は、一度に全ての米切手が、米との交換を求めて蔵屋敷に提示されるわけではないので、一定程度は在庫米量以上に発行しても問題はない。もし米切手の提示を受けたら春にかけて逐次運ばれてくる米を渡せばよく、場合によっては現金で買い戻すこともできる。

しかし、物事には限度がある。目先の現金欲しさに米切手が過剰に発行されれば、当然のことながら市場における信用不安を惹起し、米切手価格は下落することになる。最悪の場合、米との交換を求めて米切手所持人が大挙して蔵屋敷に押しかける「取り付け騒ぎ」にも発展しかねない。事実、いくつかの蔵屋敷はそうした事態に陥っている。

当時、米との交換が延期ないし拒否される米切手のことを「空米切手《からまいきって》」と呼んだ。読んで字の如く、米の裏付けがない米切手ということだが、この空米切手を放置すれば、大坂米市場の根幹たる米切手取引は円滑に機能せず、領主経済の安定的な再生産は望めなくなる。一八世紀中後期にかけて、江戸幕府が立て続けに打ち出した米切手の統制策は、まさにこの空米切手問題に対処するためのものであった。

広島藩蔵屋敷の取り付け騒ぎ

第二章で論じた通り、在庫米の裏付けなく米切手が発行されることは、一七世紀から行われていたが(二八頁)、現在、史料上で確認される最古の空米切手騒動は、元文二(一七三七)年六月に、広島藩蔵屋敷が起こしたものである(森[一九七〇])。この事件は、同藩蔵屋敷の在庫米量が、発行済米切手高の三割に過ぎないことが発覚し、米切手所持人を代表して、二八名の米商人が同蔵屋敷へ押しかけた、というものである。

この時、米切手所持人が蔵屋敷に提出した陳情書の趣旨は以下である。

①広島藩蔵屋敷は、これまで「たしかなる御蔵」と認識されてきており、誰もが米との交換を急がず、米切手のまま買持ちする傾向にありました。
②今回の件が適切に処理されないならば、今秋の年貢米販売は例年の通りとはいかず、安く買い叩かれ、在庫米量以上の米切手発行はむずかしくなるでしょう。
③そうなっては外聞も悪く、資金繰りにも差し支えることになるでしょう。

形の上では丁重に蔵米の引き渡しを願い上げているが、その内容はじつに冷ややかである。広島藩蔵屋敷が、在庫米量以上に米切手を発行していることは百も承知の上で、最悪の結末をちらつかせ、米切手と蔵米との交換を要求している。

この段階では、米切手の発行を取り締まる法令は存在せず、あくまでも米切手所持人と蔵屋敷との交渉によって解決がなされる必要があった。だからこそ、米切手所持人としては、「しっぺ返し」を示唆することによって、蔵屋敷側に契約の履行を促しているのである。

本件に関して、米切手所持人は大坂町奉行所に出訴もしていなければ、それを示唆することもしていない。それにもかかわらず、騒動を聞きつけた大坂町奉行所は、北組惣年寄であり、広島藩蔵屋敷の土地名義人（名代）でもある江川庄左衛門《えがわしょうざえもん》を内々に呼び出し、事情を聴取している。

江川は過剰に米切手を発行しているような事実はない、と取り繕ったが、大坂町奉行所役人は、このまま事態が収拾しないようならば、奉行所による取り調べが行われる可能性があることを警告している。この警告を江川から伝え聞いた広島藩蔵役人は、国元の執政に対して、至急、銀一〇〇〇貫を大坂へ送るべきこと、そして国元の米を、俸禄米でも構わないから大坂へ廻送すべきこと、それでも不足する場合は、他国米を密かに調えたい旨を訴えている。

藩士のための俸禄米を取り崩してでも、また他国の米を渡してでも、米切手所持人の要求に応えねばならない、という蔵役人の焦りが伝わってくる。四ヵ月後に迫っている新米入札までに、何としてもこの問題を解決せねばならないと考えたのだろう。

この事件の顚末は不明だが、おそらくは、蔵役人の要望通り、現銀での買い取りか別途廻送する米を引き渡すという形で処理されたと思われる。出訴がなされていないにもかかわらず、米切手を巡る騒動に大坂町奉行所が強い関心を示していたことに、ここでは注目しておきたい。

萩藩蔵屋敷を巡る騒動

広島藩蔵屋敷の事例は、氷山の一角であった可能性もある。当事者同士の示談によって解決すれば、表沙汰になることもなく、史料にも残らないからである。逆に言えば、史料に残っているとすれば、それは大規模な取り付け騒ぎなのであり、寛延二（一七四九）年、宝暦二（一七五二）年と立て続けに発生した萩藩蔵屋敷に対する取り付け騒ぎが、まさにそれに当たる。これら事件に関しては小川〔一九九六〕が生々しく経緯を伝えているので、以下、これに基づいて紹介する。

寛延元（一七四八）年九月、周防国・長門国が暴風雨に見舞われ、米の生産が打撃をうけた。これにより、大坂への廻米が減少し、寛延二年四月ごろには、米切手と米俵の交換が滞るようになってしまった。米切手所持人は、萩藩蔵屋敷に対して、まさに広島藩の事例と同じような口上を述べて圧力をかけたものの、蔵屋敷側は、まもなく船が大坂に到着するので、それを待つようにと返答するのみであった。

そこで米切手所持人は出訴の決意を固め、米方年行司に対して、訴状に奥印（＝奥判）をもらいたいと依頼したところ、米方年行司はこれを拒否したため、切手所持人惣代（七名）として大坂町奉行所に出訴した（四月一三日）。

この訴状に奥印をもらう、という行為については、後段にも出てくるので、ここで説明しておきたい。

江戸時代の民事訴訟は、当事者間の話し合いで解決するのが原則であった。右の例で言えば、萩藩蔵屋敷と米切手所持人の間の示談で解決すべきものなのである。どうしても当事者間では示談がまとまらない場合、町人であれば町年寄など、農民であれば庄屋などに届け出て、その承認を得た上で領主の法廷に出訴することができた。この承認を与える行為こそ、訴状の末尾に署名・捺印する（奥印を与える）という行為なのである。

領主の用意する法廷では、この奥印を確認して、「なるほど、当事者間の話し合いでは解決がむずかしかったので、判断を仰ぎに来たのだな」と受けとめて、訴状を受理する運びとなる。ところが、右の事例では、米切手所持人は、堂島米市場の米仲買を代表する米方年行司の承認を得ずに出訴に及んでいる。

これに対して大坂町奉行・久松定郷《さださと》は、本件は「表方」にはしない、すなわち正式な訴訟として処理しないが、萩藩の蔵屋敷に対して何らかの返答を行うように求めている。その後、当事者間で示談が進められる中、本件が大坂城代・酒井忠用《ただもち》の耳にも達し、酒井は大坂町奉行に対して早期解決を求めている。こうした経緯を経て、最終的には両者の示談がまとまり、四月二八日に萩藩蔵屋敷は、大坂町奉行所に一件落着した旨を報告している。

先に述べた通り、この段階では米切手の滞りを取り締まる法令はなく、大坂町奉行も正式な訴訟としては取り扱っていないことが分かる。しかし、ここでもやはり監視の目を光らせていたことに注目しておきたい。

このわずか三年後、宝暦二（一七五二）年に発生した取り付け騒ぎについては、若干経緯が複雑なので、顚末だけ簡潔に紹介する。宝暦二年正月一二日、米切手所持人五三名が連署して大坂町奉行所へ出訴し、米の蔵出しを求めた。この訴訟についても、これが正式に受理されたのか否かは分からないが、訴状提出後、当事者間の話し合いが進められ、同年四月四日に示談が成立し、落着となった。

示談が進められている間、大坂城代・酒井忠用、老中・堀田正亮《まさすけ》（前職は大坂城代）からの内々の介入があり、それぞれが早期解決を求めていた。寛延二年の事件しかり、非公式な形とはいえ、大坂城代や老中などの幕閣が事件に関心を示し、早期解決を図るように指示を与えていたというところに、この時代の特徴を読み取ることができる。すなわち、空米切手騒動は、単なる商取引上の紛争ではなく、幕閣にとって重要な経済問題として認識されていたのである。

大津での騒動

空米切手問題は、大坂だけのものではなかった。本書では取り上げなかったが、大津にも大坂米市場と類似した市場が存在し、米切手が盛んに取引されていた（拙著［二〇一二］）。

宝暦一〇（一七六〇）年、若狭《わかさ》国小浜《おばま》藩の大津蔵屋敷の米切手に滞りが発生した際、米切手所持人は、当時大津を支配していた京都町奉行所に訴え出ている。そして京都町奉行は、江戸の評定所に伺いを立てて対応策を仰いでいる。

評定所とは寺社奉行・江戸町奉行・勘定奉行によって構成された江戸幕府の最高司法機関である。繰り返し述べている通り、米切手の発行を取り締まる法令がなかったため、大名が絡む米切手騒動を、独自に裁くことはできないと考えて、評定所の判断を仰いだ京都町奉行所の判断は妥当である。

これに対する江戸からの回答は不明だが、最終的に小浜藩蔵屋敷が、蔵米の引き渡しに応じ、無事に解決したと伝わっていること、この翌年には後述する空米切手停止令《ちょうじれい》を発令していることから、米切手所持人の蔵米請求権を尊重する判断を評定所が下した可能性は十分にある。

待たれる政策対応

米切手の流通においては、まず蔵屋敷と米商人たちとの関係によって取引の安全性が担保されていた。広島藩の事例が示している通り、米商人は、蔵屋敷側の不誠実な行為に対して懲罰的態度で臨んでいた。市場での評判を失うことに伴う損失、言い換えれば、その後の資金調達が円滑に行われなくなることから生じる損失が、米切手と蔵米との交換を停止、あるいは遅延することによって得られる目先の利益を上回っている限り、蔵屋敷は米切手所持人の蔵米請求権を尊重する。

しかし、萩藩や小浜藩しかり、市場の評判を失ってでも、米切手と蔵米の交換停止に踏み切る大名は現実に存在した。ここで紹介した事例は、あくまでも表沙汰になったものであり、示談によって内々に解決されたものも含めれば、相当数の滞りが発生していたと見てよい。

この状況を放置すれば、米商人が米切手を忌避する誘因が強まってしまう。その帰結は、大坂金融市場の停滞と、諸大名の資金繰りのさらなる悪化に他ならない。ここに江戸幕府が政策的に対応する必要が生まれる。

江戸幕府による実態調査

宝暦九（一七五九）年一二月三日、大坂町奉行所は、大坂の町年寄などに対して、米切手を担保として行った貸付について、その貸付先、貸付額、担保切手の属性を書面にして提出させると共に、担保切手を残らず提出するよう命じている（『大阪編年史 第十巻』、賀川［一九九六］）。

米切手は借財の担保として発行されることもあり、借財の返済が滞った場合、これら担保切手が市場で売却されることもあった（鶴岡［一九六九］）。これも蔵米の裏付けなく発行され、市場に流れているという意味では、米切手の信用不安に繋がりかねないため、大坂町奉行所は調査に踏み切ったのだろう。

翌宝暦一〇（一七六〇）年一二月、大坂町奉行所は、諸大名蔵屋敷の名代・蔵元に対して、大坂への廻米高、販売高、在庫米量の申告、並びに「売り過ぎ米」の買い戻しを命じている（中井［一九七一］）。諸蔵屋敷が正確な数値を申告した保証もないし、買い戻しが実際に行われたかどうかも定かではないが、前年の宝暦九年に、米切手担保金融の実態調査が行われていること、宝暦一〇年に小浜藩の大津蔵屋敷において取り付け騒ぎが発生していることから、この時期の幕閣において、米切手対策が重要な政策課題として認識されていたことは確かである。

そして宝暦一一（一七六一）年一二月、後々まで大坂米市場における基本法となる空米切手停止令《ちょうじれい》を発令する。空米切手停止令とは筆者がつけた名前であるが、江戸幕府内部では、同法令を指して「空米切手御停止之儀」（「御用日記　壱番」大同生命文書B六－一）と呼んでいることを踏まえたものである。

空米切手停止令の発令

まずは空米切手停止令の文面を見ていこう。

【現代語訳】

大坂における諸大名蔵屋敷の米販売について、廻着した米の他に、存在しない米を書き加えて、在庫米高よりも多く米切手を発行して売却し、廻米の都合ができなかった場合には、右の過米切手の分を買い戻すようなことをしていると聞いている。これは米値段にも、他の米切手売買にも差し障るので、はなはだ宜《よろ》しくない。右のような空米や過米などを書き加えて売買することは、以後停止とする。この旨をきっと守るように。もし違反する者がいた場合は問題行為として対処する。

【史料原文】

大坂表諸家蔵屋敷払米の義、廻着米高のほか、空米を書きくわえ、有米高より過米の切手を出し、相払い、かつ廻米都合致さず候節は、右過米切手の儀、買い戻し候類これあるよし相聞こえ、正米直段ならびに自余の切手米売買に相障り、甚だよろしからず候、いらい右体の空米・過米など書きくわえ、売買いたし候儀、堅く停止せしめ候条、その旨きっと相守るべく、もし違乱のともがらこれあるにおいては、曲事《くせごと》たるべきものなり（「米商旧記」）

諸大名の蔵屋敷によって、在庫米量以上に米切手が発行されている現状、米を手配できなかった場合に米切手を買い戻している現状を踏まえた上で、これらの行為を禁じている。その理由は二つ、米の値段に悪影響が出るから、そして他の米切手売買に悪影響が出るからである。

第一の理由について、米切手が過剰に発行され、信用不安を惹起すれば、当該米切手を忌避する動きが広がって米価が下がることは直感的に分かりやすい。第九章で詳しく論じるが、この時、江戸幕府は米価を上昇させるための施策を同時に大坂で展開しており、米価を上昇させることが喫緊の課題であったことは事実である。

問題は第二の理由である。米切手を過剰に発行したり、現金で買い戻したりすることが、どうして当該米切手「以外の」米切手売買にも悪影響をもたらすのだろうか。

それは、他の蔵屋敷も米切手を在庫米以上に発行していることは周知の事実であり、かつ、どの程度の蔵米在庫を各蔵屋敷が用意しているかは、市場に対して公開されていなかったからである。もっとも、米切手発行高は、少なくとも一八世紀後期以降は公開されていた（借財の担保として発行された米切手は、この数値に含まれていない可能性が高い）。市場参加者は、各蔵屋敷の米切手発行高をひとつの判断材料として、米切手の安全性を勘案しながら売買を行っていたのである。

ある蔵屋敷の米切手が危ないということは、他の蔵屋敷も危ないかもしれない。自分が持っている米切手を早めに米に換えておこう、あるいは買い戻してもらおうとする動きが広がる可能性は十分にある。

こうなると、実際には問題のない範囲で発行していた蔵屋敷の米切手も危うくなってくる。どの蔵屋敷であっても、大量の米切手が一気に持ち込まれて、米との交換を要求されてしまえば、悲鳴を上げざるを得ない。

空米切手問題の重要性はここにある。ある蔵屋敷の過剰発行が、米切手取引市場全体に悪影響を及ぼしかねないのである。米切手の買持ちが進まなければ、米価は本来あるべき水準以下に落ち込み、大名財政を圧迫する。だからこそ、江戸幕府は統制に踏み切ったのである。

久留米藩米切手滞り騒動の発端

空米切手停止令の条文を素直に読めば、江戸幕府は在庫している米の量以上の米切手発行を禁じているところから、資金調達の目的で米切手を発行することを禁じたものと解釈できる。しかし、空米切手停止令発令後も、在庫米量以上の米切手発行は後を絶たなかった。このことから、既存の研究は江戸幕府の政策が不徹底に終わったとしてきたが、空米切手停止令の意義を過小評価していると言わざるを得ない。

そのことを実際に生じた空米切手騒動によって示したい。ここで取り上げる事件は、寛政三（一七九一）年に発生した久留米藩蔵屋敷（当時の呼び名は「筑後（御）蔵」のため、以下では筑後蔵に統一）を巡る騒動である（拙著［二〇一二］）。

顚末を先に述べておく。寛政三年六月七日、筑後蔵は、大坂米市場関係者一同に対して、米の蔵出しを延期することを申し出た。筑後蔵による延期願いは、その後も繰り返しなされたため、同月二一日に至り、総勢五四名の米商人が、米切手と蔵米の交換を求めて、大坂町奉行所に出訴した。

出訴がなされたその日の内に、被告たる筑後蔵の蔵元、掛屋、名代の三名に対して、奉行所より出廷が命じられ、翌二二日、原告・被告双方に対して個別に事情聴取が行われた。その後、七月八日まで原告・被告の間で示談が進められ、ついに七月九日に、原告所持の米切手（八万五八三〇俵分）の蔵米請求権が尊重される形で和解が成立している。

この結末に至るまでに、空米切手停止令がどのように参照されていたか、まずは六月二一日に提出された訴状文面から確認する。長文だが、米切手に対する米商人の認識がよく分かる内容なので、丁寧に見ていきたい。

【現代語訳】

筑後御蔵が昨年売却された蔵米の内、八万五八三〇俵を、現在私どもは買持ちしておりますが、このたび米が必要となりましたので、順次米切手を持ってお米との交換に向かいましたところ、御屋敷（筆者註：筑後蔵）では問題があるとのことで、二、三日は米の蔵出しができない旨のお達しがありました。そこでしかたなく蔵出し請求を控えておりましたところ、約束の期日になっても、まだ待つようにとの仰せでした。私どもの得意先は「必要な米だから、早々に蔵出しをして欲しい」と追々これを申してきておりまして、私どもは大変難渋しております。もちろん「米切手というものは、いつにても切手を持参次第、直ちに米をお渡しいただくべきものでございますので、いかなる理由にて蔵出しを待つように仰っているのでしょうか」と御屋敷に掛け合いましたが、「現在米が払底しており、しばらくのところは蔵出しを待つように」と仰いましたので非常に驚きました。早速、筑後蔵の役人、御蔵元、名代、掛屋へも掛け合いましたが、とにかく埒《らち》があきません。下で解決する方法がございませんので、恐れながらこの旨を願い出た次第です。米切手と蔵米の交換が、一日でも滞りましたら、私どもの日々の必要、そして渡世に差し支えますので、難渋極まりないことでございます。どうか相手方として指名しております蔵元・名代・掛屋・蔵役人を召し出されまして、至急、米を渡すように仰せつけてくださいましたら、そのお慈悲の広大なることをありがたく存じます。以上。

【史料原文】

筑後御蔵、去る戌年〔一七九〇年〕御払い米の内、八万五千八百三十俵、当時私ども買持ち罷り在り候処、この節米入用につき、追々蔵出しに差し向かい候処、御屋敷御差し支え御座候につき、二、三日は蔵出しなされがたき趣仰せ聞かれ候につき、よんどころなく差しひかえ罷り在り候処、その日に至り、なおまた今しばらく相待ち候よう仰せ聞かれ候につき、得意先は、入用米の儀に候えば、早々蔵出し致しくれ候よう、追々これを申し、私どもはなはだ難渋仕り候、勿論、切手米の儀は何時にても切手持参次第、即刻御渡しなさるべき儀に候処、如何の訳にて蔵出し相待ち候よう仰せ聞かれ候儀に候やと、御屋敷へ掛け合い申し候処、この節米払底につき、しばらくの所、出米相待ち候よう仰せ聞かれ、はなはだもって驚き入り存じ奉り候につき、早速御蔵役人・御蔵元・名代・掛屋へも引き合い候えども、何分埒明き申さず、下にて仕るべきようござなく候につき、恐れながらこの段願い上げ奉り候、米切手蔵出し、一日も相滞り候ては、私ども日用・渡世に差し支え、はなはだ難渋至極候あいだ、何卒右蔵元・名代・掛屋・御蔵役人召し出させられ、急々米相渡しくれ候よう仰せつけさせられ下され候わば、広太の御慈悲ありがたく存じ奉るべく候

（「筑後米蔵出し滞出訴一件扣」）

原告は、米仲買五四名、被告は筑後蔵の御用達を務めている大坂町人である蔵元・掛屋・名代の三名である。筑後蔵に詰めている久留米藩士が被告となっていないことに留意が必要である。形式の上では、あくまでも大坂町人と大坂町人の紛争として、この訴訟は成立しているのだが、訴状文面を見れば明らかなように、蔵役人（久留米藩士）も事情聴取を受けるべきことが想定されている。

文面で注目すべき点は、他に二点ある。それぞれ傍線を引いた箇所だが、第一に、米切手というものは、いついかなる時でも、提示され次第、米と交換されなければならない

と、米切手所持人が筑後蔵に主張している点である。米切手を発行した時点で蔵屋敷は米の引き渡し義務を負っているため、当然と言えば当然の主張だが、この論理を奉行所において堂々と主張できるようになった背景に、空米切手停止令があると見てよいだろう。

第二に、示談では解決できなかった旨を述べている点である。先に述べた通り、江戸時代の民事訴訟は、村、町、商業仲間の内部、あるいは村同士、町同士、仲間同士で解決されるのが原則であり、そこでどうしても解決できないものが、領主の用意する法廷に持ち込まれるという形をとっていた。そのため、訴え出るにあたっては、「今回御奉行様に訴え出ましたのは、示談では解決がむずかしかったからでございます」と申し添え、しかもそのことを第三者に証明してもらわねばならなかった。じつは、右に掲げた訴状の末尾には、大坂の米仲買株仲間の頭取役である、米方年行司五名の署名と印が添えられているのだが（「奥印」と呼ばれる）、これがその証明に当たる。

先に紹介した萩藩の寛延二（一七四九）年の事例では、米切手所持人は米方年行司の奥印をもらうことができず、また正式な訴訟としては取り扱われなかった。ここでは米方年行司の奥印がある訴状が提出され、正式に受理されている。空米切手停止令発令前後の変化として押さえておくべき点である。

奉行の言葉

右の訴状が受理された、まさにその日に、大坂町奉行の小田《おだ》切直年《ぎりなおとし》は、原告を召し出して、直々に以下の言葉をかけている。口語がそのまま記されているので、ぜひ史料原文も参照されたい（図25）。

【現代語訳】

〔小田切〕「この八万五八三〇俵を、その方ども五四人が共同で買持ちしているのか」〔原告〕「は、いや、左様ではございません。銘々が別々に買持ちしております。それぞれの米俵の数、米切手の管理番号は別紙の帳面に整理してございます」（と答え、帳面を差し出す。）〔小田切〕「それならば銘々が別々に出訴しそうなものだな。むむ、年行司の奥印、よしよし。蔵役人もお触れに背いて、殿のお名前まで引き出し、不忠のことだな。しかと審議を申しつけるので、役所へまわれ」〔原告〕「はっああ」

【史料原文】（口語部分のカタカナ表記は原文のママ）

此八万五千八百三十俵を、その方ども五十四人組合にてこれを買い居るのか、ハ、イヤ左様ではござりません、銘々別々に買持ちおります、すなわち俵の多少、切手番附、別紙に認めおります、と帳面差出す、それなれば銘々別々に願いそうなものだナ、ムム、年行司奥印、ヨシヨシ、蔵役人も御触を相背き、殿の御名まで引き出シ、不忠の事だナ、急度《きつと》紀しを申しつけ候間、役所へまわれ、ハッアア（「筑後米蔵出し滞出訴一件扣」）

奉行の言葉が記録されている珍しい例だが、この史料は、後世の者が類似の訴訟に直面した際に、手引きとなることを意図して記したものであるため、こういったやりとりも、臨場感たっぷりに描かれるのである。

奉行の小田切が、「ムム、年行司奥印、ヨシヨシ」と言っているのは、先に述べた米方年行司の奥印を確認し、米方年行司の仲裁の下、当事者同士で示談を試みた上での出訴であることを確認したからである。この部分が確認されなければ、訴訟は受理されない。

次に注目すべきは、蔵役人がお触れに背いていると奉行が明言している点である。ここで言う御触とは、空米切手停止令に他ならない。この後、原告・被告それぞれに対して事情聴取が行われた後、当事者同士での示談が始まるのだが、ここで奉行が「蔵役人はお触れに背いている」と発言していることは、原告にとって大きな追い風となる。この奉行の一言がある下で示談が行われるのと、そうでないのとでは、交渉に大きな差が生まれるのは当然であろう。

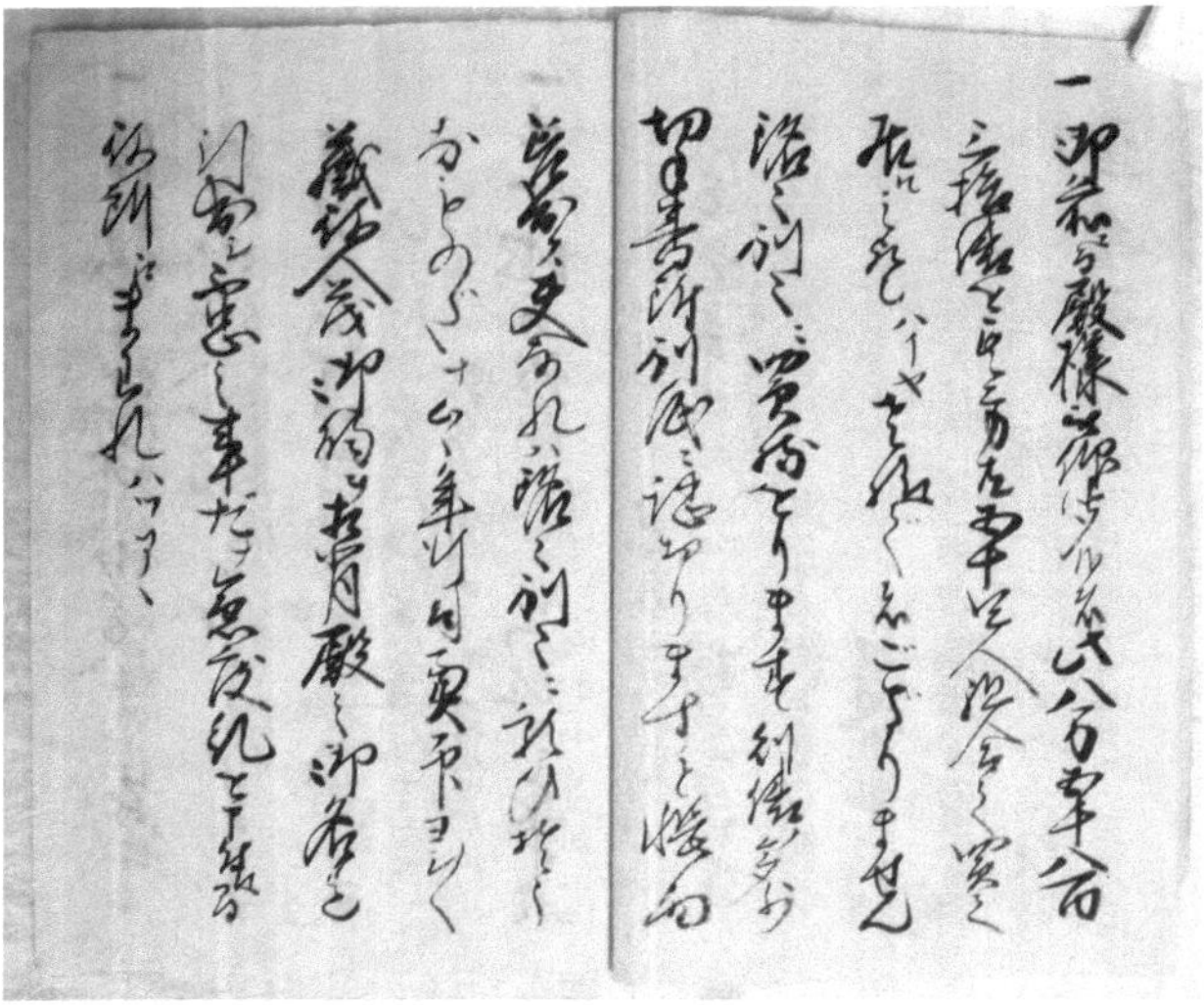

図25　奉行の言葉　（出典）「筑後米蔵出し滞出訴一件扣」（九州大学附属図書館記録資料館九州文化史資料部門所蔵「林田家文書」691）

江戸時代の民事訴訟は、そのほとんどが和解（内済《ないさい》）の成立によって終了することが研究者の間ではよく知られている（大平［二〇〇五］）。ここで取り上げている訴訟も例外ではなかった。では、大坂町奉行所は何もしていなかったかと言うと、決してそうではなかった。右の例で言えば、奉行としての判断を示し、その上で当事者同士での示談を促している。示談が始まってからも、期日を決めて経過を報告させており、双方が我意を申し立てて、示談が長引きそうになると、大坂町奉行所の与力が説諭を行うこともあった。

買い戻し価格を巡る交渉

ここで取り上げている紛争もしかりで、筑後蔵と米切手所持人の交渉は平行線をたどった。最大の争点は、不渡りとなった米切手を筑後蔵がいくらで買い戻すか、という点だった。筑後蔵は、米を渡すことができない分については、一石あたり六三匁で買い戻したい旨を原告一同へ伝えたものの、応じる者がなかった。この時、健全な銘柄として定評のあった肥後米は六一〜六二匁で取引され、筑後蔵の米切手は四三匁前後で取引されていたことからすれば決して悪くない条件であったが、空米切手停止令と奉行の言葉を背に、原告は強気の姿勢を崩さなかったのである。

交渉は平行線をたどり、七月八日になっても最終的な決着はつかなかった。そこで大坂町奉行所の与力は、「明日九日に双方を呼び出して事情を聴取する。そこで申し述べる内容次第では、破談にもなり得る」と両者に伝えている。九日よりも先に吟味が延長されることがないと宣言することで、双方の歩み寄りを求めたと解釈できる。

はたして九日、この訴訟は落着となる。米の引き渡しが滞っていた五万四二四〇俵の内、三万俵は九日中に蔵出しをして、残り二万四二四〇俵については、傷み米になった分なので、代わりの米を国元から廻送し、それを売却した代銀によって支払うということで双方が合意したとの「内済証文」が、大坂町奉行に提出されている。これによって訴訟はめでたく終了となる。

「内済証文」の裏側

じつは、この「内済証文」には事実と異なる記載がある。滞り分は、代わりの米の廻送と販売によってではなく、実際には、久留米藩が借財によって用意した現銀によって、一石六三匁で買い戻されたのだ。では、なぜ内済証文には代わりの米の廻送と販売によって得る現銀で買い戻すと記されたのだろうか。そしてそれを当事者（奉行所・原告・被告）が当然のように受け容れたのはなぜか。

筆者は、空米切手停止令違反者を出さないための工夫なのではないかと考えている。空米切手停止令は、全ての米切手に蔵米の裏付けを求める法令である以上、「米がなかったので買い戻しによって一件落着」と公的に記録してしまっては、久留米藩が空米切手停止令に違反したことが確定してしまう。また、空米切手停止令の条文には、米切手の買い戻しが問題行為として明記されており（一八二－一八三頁参照）、買い戻しを行うことそのものが避けるべき行為であった。

しかし、「米切手を発行した時には米が確かにあったのだが、米の引き渡しに際して確認したところ、傷み米であったので、代わりの米を国元から廻送して、それを売却した代銀で買い戻した」という形にすれば、空米切手停止令に違反したことにはならず、買い戻しによる対応も正当化できる。つまり、米が傷んでしまったアクシデントとして処理するということだが、内済証文の書き方は、まさしくそうなっているのである。

今回の紛争は、形式の上では大坂町人同士の紛争だったが、背後に久留米藩が存在することは誰の目にも明らかであった。推測に過ぎないが、大坂町奉行所としては、大名による幕府法違反という形で処理するよりも、右の形で処理した方が無難と考えたのではないだろうか。奉行の小田切が、訴状を受理した直後に「蔵役人はお触れに背いている」と発言していることからも分かる通り、久留米藩が空米切手停止令に違反したことは周知のことであった。それにもかかわらず、右の内済証文を受理した大坂町奉行所の対応に、一定の配慮を見出すことは、的外れな解釈とは言えないだろう。

この点はひとまず置くとしても、久留米藩としては、市場での評判は失ったが、空米切手停止令違反として処理されずに済んだことは確かである。一方、原告（米切手所持人）も、時価よりもはるかに高い金額で米切手の買い戻し請求に成功したのだから、不満はなかったはずである。事実、原告側の記録では、一件落着の後、今回の訴訟がわずか二〇日で終了するとは思わなかったという感想が記されている。

大坂町奉行所の役割

今回の訴訟について、大坂町奉行(所)は、訴訟を受理して直ちに被告側に非があることを原告に口頭で伝え、示談を促している。示談が不調であると見るや、双方の歩み寄りを促し、最終的には誰にも迷惑が及ばない形で和解を成立させている。

最終的には和解で解決したとはいえ、「第三者」として大坂町奉行所が果たした役割はきわめて大きい。しかも、決着までの時間から考えると、大坂町奉行所は江戸には相談せず、独自の判断で対応したと考えてよい。

萩藩の事例において、大坂城代ないし老中の介入が見られたこととは大きく異なっている。空米切手停止令の発令により、幕閣による介入や江戸表への伺いを必要とせずに大坂町奉行所において紛争解決が図られるようになったのであり、それは訴訟・示談に要する時間の大幅な短縮に帰結したと考えられる。

なお、金の貸し借りを巡る訴訟について、大坂町奉行所は、江戸町奉行所に比べて、貸した側の立場に立った判断を下す傾向にあったことが指摘されている(神保[一九八七]、[二〇〇一])。本件についても、そうした傾向が看取できるが、一石あたり六三匁という破格の買い取り価格をも拒否して示談を長引かせた原告に対して、審理の打ち切りを示唆して牽制を加えていた点も見逃せない。米切手所持人の主張に理解を示しつつ、度を越した賠償請求には毅然と対応する姿に、商都大坂の秩序維持を担った大坂町奉行所の役割を見て取ることができる。

空米切手停止令の意義

久留米藩の米切手を巡る紛争から、空米切手停止令がどのように運用されていたのかが明らかになった。ここで改めて空米切手停止令の意義について検討したい。

空米切手停止令の条文を素直に読めば、江戸幕府は在庫米量以上の米切手発行を禁じているから、資金調達の目的で米切手を発行することを禁じたものと解釈することができる。しかし、右の事例からも明らかなように、空米切手停止令発令後も、在庫米量以上の米切手発行は後を絶たなかった。このことから、既存の研究は江戸幕府の政策が不徹底に終わったとしてきたが、空米切手停止令の意義を正しく評価しているとは言いがたい。

そもそも江戸幕府に在庫米量以上の米切手発行を「根絶」することは可能だったのだろうか。仮にそうしたければ、全ての蔵屋敷の在庫米量と米切手発行量を把握し、過剰発行がないことを検証しなければならない。また、右の検査に隠れて発行された米切手（例えば担保切手など）が市場で売買されていないか、検証しなければならない。これらを実際に行うには大きなコストが発生する。

確かに江戸幕府は空米切手停止令の発令前年に、諸藩の蔵屋敷に命じて、大坂への廻米高、販売高、在庫米量を申告させているが、あくまでも自己申告に過ぎなかった。また、米切手の券面に「これは蔵米の裏付けなく発行されています」と書かれているわけではない。市場で売買されている米切手の一枚を蔵屋敷に提示し、「これは蔵米の裏付けなく発行されたものか」と問うても、「もちろん、そうではございません」という答えが返ってくるだけである。江戸幕府には、市場で取引されている米切手について、これは空米切手、これはそうでない切手、などと区別することは、現実的に不可能なのである。

しかし、空米切手停止令が無意味だったわけではない。久留米藩の事例で見たように、その効果は、米切手と蔵米の交換が滞った時（あるいはそれが懸念される時）に発揮される。蔵米との交換に応じられている限り、また現金での買い戻しに応じられている限り、たとえ蔵米在庫量以上に発行された米切手であっても、その米切手は空米切手ではない。反対に、ひとたび米切手と蔵米の交換が滞れば（あるいは滞ることが懸念されれば）、その蔵屋敷が発行した米切手は、全て空米切手と見なされて、取り付けを受けることになる。つまり、空米切手とは切手券面によって区別されるものではなく、事後的に発覚するものなのである。

ある米切手について滞りが生じ、米切手所持人が大坂町奉行所へ出訴した場合、大坂町奉行所は、その米切手を発行した蔵屋敷に照会する。蔵屋敷はそれが禁止の空米切手であると認めることはできず、あくまでも蔵米の裏付けのある米切手として処理せざるを得ない。結果として、米切手所持人の蔵米請求権は、大坂町奉行所によって保障されるのである。

発令時点において江戸幕府がどこまで意図していたのかは不明だが、空米切手停止令によって、「全ての米切手は、たとえ蔵米の裏付けなく発行されたものであっても、蔵米の裏付けのある米切手として処理されねばならない」という原則が成立したことは確かである。「市場に空米切手は一枚もあってはならない」という原則と言い換えてもよい。現実には蔵米在庫量以上に発行された米切手が市場に溢れていたはずだが、その全てについて、蔵米との交換が成立しなければならなくなった。つまり、空米切手停止令は、「蔵米在庫量以上の米切手発行を根絶するための法令」としてではなく、「蔵米との交換が滞る米切手を根絶するための法令」として評価すべきなのである。

金との兌換《だかん》が適切に行われると期待できるからこそ、金兌換紙幣が紙幣として流通するのと同様に、蔵米の引き渡しが行われると期待できるからこそ、全ての米切手は蔵米の裏付けがあるものとして授受・売買される。これこそが、大坂米市場が、貢租米という商品の取引市場としてのみならず、金融市場としても機能し得た、基本的な構造だったのであり、それを支えた法令が空米切手停止令だったのである。

第八章　空米切手問題に挑んだ江戸幕府

モラル・ハザードと逆選択

前章で見たように、米切手の安全性は、究極的には大坂町奉行所によって保証されていた。ところが、空米切手問題の厄介なところは、諸大名による過剰発行の問題のみならず、本来安全なはずの米切手が危険視されてしまうという問題も含む点にあった。蔵屋敷の中にどれだけの米が準備されているのかが分からない以上、市場参加者は、ちょっとした噂でも、米切手の買持ちを手控えたり、あるいは売り急いだりしてしまう可能性があったのだ。

米切手の安全性に関する情報、具体的には蔵米準備率が、市場に開示されない蔵屋敷の私的情報であったため、厳しい資金繰りに直面していた蔵屋敷側には、米切手を過剰に発行する誘因が働き（モラル・ハザード）、それを予想する市場参加者は、本来ならば安全な水準にあるはずの米切手についても危険視して買持ちを避ける誘因が働いてしまう（逆選択）のである。

モラル・ハザードという、経済学ではよく用いられる言葉をあえて直訳すれば「道徳的危機」ないし「倫理の欠如」であるが、経済学では道徳や倫理を問題にしているわけではないことに注意が必要である（梶井［二〇〇二］、伊藤［二〇一二］）。江戸時代大坂の例で言えば、諸藩の蔵屋敷に倫理観が欠如していたから米切手が過剰に発行されたのではなく、諸藩が自分たちの利益を追求しようとした結果、それが市場参加者に望ましくない効果をもたらすような市場構造になってしまっていた、と考えるのが経済学である。

実際に諸藩の蔵屋敷も、悪いことをしようとして過剰発行をしたのではなく（そういう蔵屋敷があったであろうことも否定しないが）、将来的に廻送されてくる米を当てにして米切手を多めに発行した結果、あてが外れ、結果として過剰発行になってしまった場合も十分に考えられる。倫理観欠如の問題として捉えてしまうと、問題を矮小化してしまうことになりかねない。

問題を解決する鍵は、諸藩の蔵屋敷に取引倫理を求めることではなく、彼らが米切手を過剰に発行することが「損」となる状況を作り出すことにある、と経済学では考える。無論、江戸幕府は経済学など参照してはいなかったわけだが、空米切手停止令によって、米切手所持人の持つ蔵米請求権を法的に保障することは対応として的確である。

江戸幕府としては取引倫理も求めていたかもしれないが、米切手を過剰発行するような奴には倫理が欠如しているから処罰する、などという分かりやすい対応ではなかったことは、先に見た久留米藩蔵屋敷の騒動において明らかである。江戸幕府は、米切手を多めに発行すること自体を「悪」として処罰するつもりはなかった。空米切手停止令により、米切手所持人の蔵米請求権を守り、そのことを諸藩の蔵屋敷に理解させることで、可能な限り誠実に米切手と蔵米の交換に応じさせるというのが江戸幕府の対応であった。

くだけた表現をすると、米切手を多めに発行しても構わないが、もし蔵米との交換に応じられなかったら落とし前はつけてもらうぞ、というのが江戸幕府のスタンスであって、「蔵米在庫量以上に米切手を発行することは悪いことだから止めなさい」と説教したわけではないのである。

江戸幕府の政策対応の結果、モラル・ハザードの問題（過剰発行）は軽減されたと考えられるが、本来ならば安全な水準にあるはずの米切手についても危険視して買持ちを避けてしまう問題（逆選択の問題）は簡単には解決しない。訴訟に発展すれば、最終的に蔵米請求権が尊重されるとしても、訴訟には日数もかかるし、できれば訴訟に発展しない、より安全な米切手を買持ちしたいと考えるのは当然だからである。

不埒な米切手の回収

空米切手停止令が出されて一一年が経過した明和九（一七七二）年一一月、右の問題に対処するため、江戸幕府は新たな政策を実行に移そうと考えた。それは、市場に存在する「危ない米切手」を、公的資金と大坂豪商の資金によって、回収してしまおうとしたのである。

政策を実施するに先立って、大坂を代表する豪商である鴻池屋善右衛門（現・三菱ＵＦＪ銀行、以下鴻善と略記）と加島屋久右衛門（現・大同生命保険株式会社、以下加久と略記）の両名が、大坂町奉行所へ内密に呼び出され、江戸表からのお達しとして、以下の諮問を受けている。

① 江戸幕府公金を融資するので、両家は、市場参加者からいかなる米切手を渡されても、これを質にとって融資を行うようにせよ。

② 他の商人が、米切手を質にとって融資を行う際に米切手の銘柄を「選《えり》きらい（＝選り好み）」したとしても、両家については、いかなる米切手であってもそれを質にとって融資を行うべきである。

③ 両家が質にとった米切手について、いよいよ蔵米との交換が滞ったならば、直ちに大坂町奉行所に訴え出なさい。きっと蔵米を取り立てるから、両家は安心してよい。

④ 「丈夫な」米切手には江戸幕府公金が加わらず、「不埒《ふらち》の」米切手にばかり公金が加わるとのことが周知徹底されれば、おのずと取り締まりがよくなるのではないか。

⑤ この件に関して意見があれば、詳しく申し述べなさい。

第五の点からも分かる通り、これは形式としては諮問であって、決定事項の通達ではなかった。大坂金融市場を代表する豪商にまずは相談し、合意を得てから、右の政策を実施しようというわけである。

第二点において、市中の商人が、米切手を質にとる際に「選《えり》きらい（＝選り好み）」をしているとあるが、これは当該米切手の安全性を勘案して、取捨選択が行われていたことを意味する。当時、米切手を質にとって融資を行うことを「米切手入替《いれかえ》」、またその店を「入替《いれかえ》両替」と呼んだ。江戸幕府の考え方としては、市中の入替両替が「選きらい」をするのはやむを得ないとしても、鴻善・加久にはそれは認められない。公的資金を貸与する以上、両家においてはあらゆる米切手が質として受け容れられなければならないのである。

両家に「選きらい」の選択肢を与えないとすれば、必然的に不埒な米切手が両家に集まることになる。ここで不埒とは、言うまでもなく信用力の低い米切手を指している。丈夫とはその反対である。不埒な（不束《ふつつか》な）、あるいは丈夫な、といった呼称は、いずれも江戸幕府が与えた呼称であって筆者の造語ではない。

両家に集まった不埒な米切手についてのみ、公金を投下してこれを市中から回収すれば、市中に出回る米切手は丈夫なものだけとなる。このことが市場に周知されれば、おのずと米切手の信用不安は解消されるのではないか。

これが江戸幕府（江戸表）の思惑であり、一部の不埒な米切手が、他の丈夫な米切手の信用をも失わせしめているという現状認識の下、市場で取引される米切手を全て丈夫と認知せしめるために、不埒な米切手の回収という案を出してきたのである。

この政策を立案・主導したのは、江戸の勘定所と考えられる（拙著［二〇一二］）。田沼意次が着々と権力基盤を固め、「御益」追求を目指した政策を次々に打ち出していく中、その陣頭にあった勘定所が、徐々に権勢を強めていったことが指摘されているが（藤田［二〇〇七］）、大坂の金融市場にも積極的に介入しようとする勘定所の姿勢は、右の雰囲気の中で生まれてきたものと見るべきである。

鴻善・加久の回答

江戸表（勘定所）からの提案は、鴻善・加久にしてみれば承諾できるものではなかった。いくら蔵米との交換を江戸幕府が保証すると言っても、不埒な米切手が次々に集まってくる状況は、経営的に望ましくない。しかも、江戸幕府が用意している公的資金は、銀一〇〇〇貫以下、米切手の枚数にして一六六六枚分（米一石＝銀六〇匁として計算）に過ぎないことが分かったので、両家はいよいよ反対した。この年の年末時点での米切手発行残高は、約六〇万枚（四斗俵として換算）であり、銀一〇〇〇貫では焼け石に水であることは明らかである。

もっとも、江戸幕府にしてみれば、公金の投下による効果よりも、それを補強する鴻善・加久の資力と、政策が市場に与える心理的な効果とに大きな期待を寄せていたのだろう（前掲第四点）。

江戸幕府の当初案に対して、鴻善・加久は、状況によっては「選きらい」をすることを認めてもらえるならば引き受けると回答している。両家が米切手を「選きらい」するならば、これまでと何も変わらないように思われるが、市場に対して、あるいは鴻善・加久に対して公的資金を投入すると江戸幕府が宣言した時点で、その心理的効果は期待できる。

江戸表からの再提案

両家の回答が提出されてから約三ヵ月が経過した安永二（一七七三）年三月五日、両家は再び役所に呼び出される。この間、大坂町奉行所は、両家の回答を江戸表に諮り、指示を仰いだものと考えられる。両家には改めて以下の指示がなされている。

① 「不束《ふつつか》な」米切手も一～二銘柄は交えて入れ替えるようにしなさい。ただし、これは試験的な措置であることを心得ておきなさい。

② 米切手に滞りが生じ、訴えがなされた場合は、両家がその米切手を買い取りなさい。

鴻善・加久が提出した回答では、両家に「選きらい」の選択肢が与えられているため、不埒な米切手が市場から払拭されないと考えたのであろう。そこで、試験的に、との留保を付けながらも、一～二銘柄については、強制的に入替を行わせしめることを企図したのである。第二点では、米切手入替の話とは別に、米切手の滞りに関して出訴がなされた場合、当該米切手を両家に買い取らせることを企図している。

これらの案が実現すれば、出訴期間中の蔵米請求権の凍結に伴う費用を、鴻善・加久が引き受けることになり、市場参加者の費用は削減される。また、信用力の低い米切手でも入替がなされることになるため、蔵屋敷が取り付けを受けるリスクも軽減される。鴻善・加久を「最後の引き受け手」とすることで、望ましい状態が達成されると、江戸幕府は考えたのである。

鴻善・加久の再反論

両家は直ちに再反論している。不埒・不束な米切手のはけ口になりたくない両家としては必死である。反論のポイントを摘記すると、以下の四点になる。

① 米切手滞りについて出訴がなされ、御威光をもって蔵米引き渡しを命じたとしても、解決には日数がかかるため、その間、われわれの資金繰りは悪化する。

② 滞りがあっても、蔵屋敷と米切手所持人との示談で処理している場合もある。しかし、この政策によって滞りが全て出訴されるようになっては、公金が加わることもあり、諸大名の蔵屋敷にとって都合が悪いのではないか。

③ 出訴がなされた際に、不束な米切手を引き受けることになれば、これまで丈夫と捉えられてきた蔵屋敷の米切手についても、不安心理が広がるのではないか。

④ 一般的に、米切手入替においては、不束な米切手とそうでない米切手とを交ぜて入れ替えるものであり、だからこそ入替が円滑に行われる。

江戸幕府が新たに提示した案が導入されれば、今まで示談で処理されてきた米切手滞り騒動が、全て出訴される、あるいは出訴されやすくなる。そうなれば、当該蔵屋敷が空米切手停止令に違反したことが露見してしまうため、諸藩が困惑するのではないか。滞り米切手を鴻善・加久が引き受けることが市場に周知されれば、本来信用力の高かった米切手についても安易に両家へ預けようとする動きが広まるのではないか。これが鴻善・加久の懸念である。

第四点に象徴されているように、両家としては、不埒か丈夫かの判断は市場に委ねるべきで、そこに政策の手を入れると、かえって市場が歪むと考えていたのである。

不渡り米切手のお買い上げ政策

反論から四ヵ月近くが経過した六月二日、両家は大坂町奉行所に呼び出され、今回の一件が「御用済《ごようずみ》」となったことを通達される。つまり、本件から鴻善・加久が解放されることになったのである。経過日数から考えて、両家の返答を受け、大坂町奉行所が江戸表へ伺いを出した結果、江戸表より、両家に依存した政策を打ち切る旨の返答があったものと思われる。

そしてその翌日に当たる安永二（一七七三）年六月三日、新たな政策が打ち出される。大坂町触として打ち出された新政策の概要は以下である。

①以後、蔵米との交換が滞ることが懸念される米切手があれば、公金をもって市中の入替両替屋に入れ替えさせる。

②公金で入れ替えた米切手が、いよいよ滞りとなれば、公金で買い上げるので、米切手を危ぶむことなく、金銀融通に差し支えがないようにせよ。

③蔵役人とよく話し合いもせず、米切手が滞ったと申す者がいた場合は、調査の上、処罰する。

④借財の担保として発行され、市場に流れた米切手は、一般の米切手と同列ではないが、もしこれが滞った場合は大坂町奉行所に訴え出なさい。蔵役人に指示してきっと弁済するように申し渡す。

滞りが懸念される米切手を公金によって入れ替え、そして実際に滞りとなった米切手を公金で買い上げるという二段階によって、この政策は成り立っている。鴻善・加久への諮問、彼らの反論を踏まえた上で、右の政策が打ち出されたことは間違いない。

ここで注意すべきは、蔵屋敷の役人と十分に話し合いをせずに米切手が滞ったと申し立てることを処罰の対象としている点である。諸大名の蔵屋敷に圧力をかけつつ、米切手所持人や入替両替に対しても、安易にこの制度を利用しないように牽制を加えている。

その一方で、公金の注入方法などについて具体的な指示はなく、公金を貸与する際の利息についても言及がない。これらは別途、市中の入替両替屋に指示がなされたのかも知れないが、鴻善・加久の史料をはじめ、現存する史料に、そうした記述は確認できていない。そもそも鴻善・加久には「御用済」の通達がなされている。そして、実際に公金による入替や「お買い上げ」が行われたとする記録も残っていない。

実際に公金が注入されたか否かはひとまず置くとして、公金を投下すると宣言した時点で、蔵屋敷に規律付けを行い、同時に「内済（和解）」を早期に整わせる効果は生じる。それこそ江戸幕府の狙いだったのではないだろうか。

先に鴻善・加久に諮問を行った段階で予定されていた公金の額が寡少であったこと、蔵役人とよく話し合ってから訴え出るようにと牽制していることから、公金を投下して米切手を入れ替える、あるいは買い上げることに主眼があったのではなく、「公金を投下してでも市場の秩序を維持する」とコミットすることによって、市場に落ち着きを与えようとした、というのが実態に近かったのではないか。当初案では、鴻善・加久を「最後の引き受け手」とするはずであったが、両家への諮問を経て、「コミットメントによる効果」を期待する政策に落ち着いたものと思われる。

蔵屋敷への監査

公金によるお買い上げを示唆してまでも市場秩序を維持しようとした江戸幕府であったが、米切手に対する信用不安が払拭できていないと考えたのか、天明三（一七八三）年になって、お買い上げ政策を廃止し、蔵屋敷の内部に踏み込んだ監査を行うと通告した。実際の経緯は少々複雑なので、詳しくは拙著［二〇一二］に譲るとして、ここでは天明三年一一月に、江戸幕府が蔵屋敷による米切手発行を直接管理しようとしたことを押さえておきたい。

具体的には、米方年行司五名に対して、諸大名の蔵屋敷が米の売却を行う際には、事前に大坂町奉行所への報告を義務づけ、米方年行司の内、一人が必ず払米《はらいまい》（米の払い下げ）に立ち会った上で、払米俵数・落札価格・落札者名を帳面に記して報告することを義務づけたのである。

この改変に伴い、市場は大きく混乱した。一二月一日、二日と、米仲買は諸大名の蔵屋敷と協議を行ったものの、米の蔵出しを拒否する蔵屋敷まで出たため、一二月三日から一二日まで、堂島米市場の取引が正米商い、帳合米商いともに停止する事態に発展した。一二月一〇日には、大坂町奉行所が蔵屋敷に対して「市中全体が難儀していることを弁《わきま》えよ」と説諭せざるを得なくなっている。

この間の経緯については、笠谷和比古が興味深い分析を行っている（笠谷［一九七八］）。それによれば、各藩の大坂留守居が連携し、集団で江戸幕府に対して抗議を行っていたことが分かる。

その顔ぶれは、萩藩をはじめとして、熊本藩、柳川藩、徳島藩、鳥取藩、久留米藩、小倉藩、鍋島藩、岡山藩、松山藩、宇和島藩、津藩、福山藩、出雲藩、岡藩、中津藩、福岡藩、薩摩藩と、大坂に蔵屋敷を持ち、年貢米の廻送・払米を行っていた大名が、ほぼ網羅されている。これら大名の大坂留守居が、各江戸藩邸に送った報告書の内容を知ることができるため、印象的な文言を摘記したい。

・これまで大過なく米切手を発行してきている（薩摩藩）
・船が廻着するごとに米方年行司の改めを受けるとなっては、米の売却に差し支える上、これまで紛らわしい取り計らいをしてきたわけでもない（熊本藩）
・大坂への廻米は公務を始め、自国の政治、資金繰りの根本であり、その根本を外部の者、とりわけ町人に知られるとあっては、駆け引きが成り立たない（鳥取藩）
・米の売却と資金繰りは、極めて内部的な問題であり、他に露見することは苦々しい（久留米藩）

・米方年行司による米売却の見分は、国持大名が領分について持つ自由に抵触するものである（萩藩）

これらは、藩内部で取り交わされた書面の内容であって、幕府に宛てて書かれたものではないだけに、偽らざる本音が語られていると見てよい。いずれの藩も一様に、米方年行司による米売却への立ち会いを拒否している。特に強い表現で不満を述べているのは萩藩で、今回の江戸幕府の措置は、「御国持方御領分御自由に不相当」（笠谷［一九七八］）、すなわち国持大名が自己の領分について有している自由に抵触していると述べている。

第四章で、法的には町人屋敷でありながら、大名屋敷として機能した蔵屋敷の二重性を指摘したが、この萩藩の言い分からすれば、大坂蔵屋敷とはやはり「領分」であるらしい。だからこそ、そこに土足で踏み込む江戸幕府のやり方に反発を覚えたと読むこともできるが、この場合は蔵屋敷の内情を知られたくないという事情が先にあり、それを正当化する論理として「御国持方御領分御自由」が持ち出された可能性もある。

その後の空米切手騒動

大名間で連携した抗議活動の結果、紆余曲折を経て、天明七（一七八七）年一月、蔵屋敷の米切手発行を監査する方針は完全に撤回される。そして、これ以降、幕末に至るまで、幕府が新たに米切手統制策を打ち出すことはなくなった。つまり、宝暦一一（一七六一）年に出された空米切手停止令を基本法とした上で、米切手の発行については諸大名の蔵屋敷と米商人との示談に委ね、そこで解決できなかった紛争が大坂町奉行所に持ち込まれるという体制が、ここに確立したのである。第七章で検討した寛政三（一七九一）年の久留米藩蔵屋敷を巡る騒動は、まさにこの体制の下で処理された紛争であった。

筆者が把握している限り、空米切手停止令の発令以後、大坂町奉行所に正式に訴訟が提起された空米切手騒動は、寛政三年の久留米藩蔵屋敷（筑後蔵）、文化八（一八一一）年の佐賀藩蔵屋敷（肥前蔵）、そして文化一一（一八一四）年の久留米藩蔵屋敷を巡る騒動の三件である。わずか三件で済んでいるのは、各藩蔵屋敷が適正な米切手発行を行っていたからというよりも、ほとんどの米切手滞り騒動が示談で解決されたからと考えた方がよい。

その証拠に、江戸幕府が公金での米切手買い取りを示唆した際も、蔵屋敷の監査に踏み切った際も、その町触には、今もって米切手の滞りが後を絶たないとの認識が示されている。要するに、米切手の過剰発行に起因する滞りは、空米切手停止令発令以後も頻発していたのであり、その多くは表沙汰になる前に、当事者間の交渉で解決されていたのだろう。

このように、水面下では多くの米切手滞りが発生していたと考えられるが、空米切手停止令発令後、幕府の瓦解まで約一〇〇年の間、三件しか表沙汰になっていないことは、やはり特筆に値する。空米切手停止令という明快な法と、寛政三年の久留米藩蔵屋敷の騒動に示されたような大坂町奉行所の対応が、その後の米切手滞り騒動における示談を促進したと考えられる。大坂町奉行所に訴訟が提起され、表沙汰になってしまえば、「確実に」米切手所持人の蔵米請求権が尊重される結果になる、ということが分かっている蔵屋敷は、訴訟が提起される前に、何とか示談を成立させようと努力するはずだからである。

この点において、江戸幕府の金融監督はうまく機能していたと言えるが、文化一一（一八一四）年二月に発生した久留米藩蔵屋敷を巡る騒動を重く見る論者も少なくない。久留米藩が再び起こしてしまったこの騒動は、約四二万石分もの米切手が「空米切手」となった大事件だからである。

久留米藩大坂蔵屋敷から江戸藩邸に提出された書付によれば、筑後蔵（久留米藩大坂蔵屋敷）の米切手発行枚数は四万枚超、石高にして四一万三〇〇〇石超に及ぶ。これに対する準備米はわずか一万五〇〇〇俵で、米切手発行総額の一・二%でしかない（拙著［二〇一二］）。これまでの滞り騒動とは桁が違う規模なので、江戸幕府の金融監督が十分でなかったことを示すものである、との主張も理解できる。

しかし、筆者はこれだけの騒動が生じても、市場全体の価格暴落には繋がらなかったことを重視したい。確かに訴訟が提起された直後の四営業日(二月一八〜二三日)は、正米商い(スポット取引)・帳合米商い(先物取引)ともに「もめ合《あい》、立会《たちあい》なし」として取引が行われていない。そして渦中の筑後蔵米切手は取引停止処分となっている(再開されたのは、翌文化一二年の一月)。

しかし、市場再開後は平穏な値動きを見せており、騒動以後に下落した様子も見られない。もっとも、市場参加者の間で動揺が広がっていたことは事実のようで、文化一一年三月四日には、大坂町奉行所より、今回の件で他の米切手について蔵出しが差し支えるいわれはないとして、冷静な対応を求める口頭通達が市場に対してなされている。これも功を奏したのか、筑後蔵の破綻が他の蔵屋敷に波及して、破綻の連鎖が起きるような事態には陥っていない。

確かに、筑後蔵の米切手を掴まされた人々が蒙った損害は無視できないが、市場全体の破綻にならなかったことは、江戸幕府による金融監督への信頼が背後にあったと見てよいのではないだろうか。

江戸幕府・大名・商人の対話

本章で見た、逆選択の問題（本来ならば安全なはずの米切手すら危ぶまれてしまう問題）を解決するために立案・実施された諸政策は、最終的には全て撤回され、空米切手停止令のみが残る結果となったが、江戸幕府は、米切手の安全性を担保するという姿勢を一貫して保持し、それを市場参加者に発信していた。その上で、江戸幕府・大名・商人という、大坂米市場の運営に関わる三者が、それぞれに言い分をぶつけ合い、それが政策に反映されるという過程が進行した。本章の最後に、このことの意義を掘り下げて考えてみたい。

経済政策に限らず、何らかの政策を発動する前後において、江戸幕府が関係者の意見を聴取し、それを政策に反映していたこと、それが一八世紀中期以降に一般化していたことについては、研究者の間では広く知られている（塚本［一九九五］、平川［一九九六］、［一九九七］、藤田［二〇一二（A）］）。

ここで江戸幕府の一般的な政策発動経路を確認しておくと（藤田［二〇一二（A）、（B）］に基づく）、まず江戸幕府の各役所のなかで政策や法が企画・立案され、それがまとまると役所の長官である奉行が政策案を老中へ上申する。老中はこれを評議し、必要があれば関係役所（奉行・目付など）に意見を求める。それに基づいて老中は政策案を決定して将軍へ上申する。将軍は、側衆《そばしゅう》などの助言を得て裁可・決裁し、これを老中に下げる。老中は担当の奉行へ執行を命じ、奉行はこれを施行する。

老中が各役所へ政策や法の立案を命じる場合や、役所間で繰り返し協議する場合もあり、決して一様ではないが、原則としては右の流れに従った。このように説明すると、江戸幕府の打ち出す政策は全て「官」が立案・実行しているかのようだが、企画・立案段階で農民や町人からの献策が活用される場合もあった。

本章で取り上げた、米切手入替を巡る政策は、まさにその例である。原案を勘定所が企画・立案し、大坂町奉行所を通じて鴻善・加久の意見を聴取し、これを踏まえた上で、不渡り切手のお買い上げ政策が立案され、老中を通じて将軍の裁可を得て、安永二（一七七三）年六月に大坂町奉行所を通じて発令されたのだろう。

江戸幕府から民間への諮問のみならず、民間からの献策も盛んに行われた。正徳六（一七一六）年三月、江戸幕府は、特に求めてもいないのに献策を行うことを禁止している（塚本［一九九五］）。これは、当時政策を担っていた新井白石《あらいはくせき》が、献策を受け容れて欲しいがために民間からの贈賄が横行していると考えたことによるが（藤田［二〇一二（A）］）、それ以前は新井白石が懸念するほどに多くの献策がなされていたということである。

このわずか三年後の享保四（一七一九）年二月、一転して献策を許可するお触れが出され、同六（一七二一）年にはその手続きについても正式に規定されている。ここで認められる献策は「道理にかなった献策」のみであると牽制されてはいるが、例えば町人であれば、町名主の許可を受けることなく、個人の判断で献策を行ってもよいとされている。実効性のある政策を実現するために、民衆の意見が必要と判断されたのである。

享保六年閏《うるう》七月には、江戸城辰《たつ》ノ口《くち》にあった評定所の門前に目安箱《めやすばこ》が設置され、以後、江戸幕府直轄都市にも設置されていった。目安箱への直訴と献策の制度化により、享保期の江戸幕府は政策に民衆の意見を反映する政治へと舵を切ったことになるが、あくまでも、江戸幕府にとって都合の良い意見が採用された点は決して見逃してはならない。米切手入替政策についても、鴻善・加久の意見がそのまま反映されたわけではないのである。

自らの支配・行政を維持するために、民衆の要求を受け入れつつも、ただ譲歩するのみではなく、支配に適合的なものを採り入れて活かした江戸幕府を、藤田覚は「柔軟でしたたかな権力」と評する（藤田［二〇〇五］）。空米切手停止令の弾力的な運用しかり、鴻善・加久の意見を採り入れながら不渡り切手の根絶を目指したことしかり、蔵屋敷への監査がむずかしいと見るや直ちに撤回したことしかり、経済政策の観点からも、江戸幕府は「柔軟でしたたか」であったと評価できる。

もっとも、再三にわたる江戸幕府の警告を受けながら、在庫米量以上の米切手発行をやめようとしなかった諸大名、少しでも自分たちに都合が良い政策となるように意見上申を繰り返した鴻善・加久も、江戸幕府に負けず劣らず「柔軟でしたたか」であった。

大名・商人のしたたかさに江戸幕府が翻弄される局面も少なくなかった。それが象徴的に現れるのが、米価を望ましい水準に誘導する、とりわけ低い米価を下支えするという、享保期（一七一六〜三五）以来、重要な位置を占めた政策である。次章では、少し時計の針を戻して、この過程を見ていきたい。

第九章　米価低落問題に挑んだ江戸幕府

米価水準と江戸時代経済

江戸幕府が米価水準のコントロールに苦慮したことは周知の通りである。本書第三章においても、享保期(一七一六〜三五)に深刻な「米余り」に直面し、米価が低落している中でも、ひとたび災害に襲われれば、多くの餓死者を出す飢饉に見舞われたことを紹介した(五七-八頁)。このことからも分かるように、米価統制のむずかしいところは、上がりすぎても、下がりすぎてもいけない、という点にある。

幕藩領主の財政は、歳入の大半を米年貢に依存していたため、米価水準、正確には米と他財との相対価格水準が継続的に低落することは、手を尽くして避けなければならなかった。その一方で、米価の絶対的上昇、あるいは相対価格の上昇は、社会不安を惹起しかねなかった。その典型的な例が、米価騰貴を背景に天明七(一七八七)年五月に江戸と大坂で発生した打ちこわしである。都市機能を麻痺させるほどに激烈な打ちこわしが、他ならぬ江戸において発生したことは、幕閣に大きな衝撃を与え、田沼時代の終焉と寛政の改革の開始を告げる役割を果たした(藤田[一九九三]、[二〇〇二])。

こうした構造の下、江戸時代を通じて、江戸幕府は数々の施策を打ち出して、中央市場・大坂の米価を「望ましい水準」に維持することを試みていたわけだが、筆者はこれまで、この内の米価を引き上げる政策に着目して分析を進めてきた。

米価を引き下げる政策についてはすでに多くの研究蓄積がある。広域にわたって凶作に見舞われた年には、豊作ないし平常作となった大名に対して、米を多めに都市圏へ運ぶように指示する、都市富裕層に施行《せぎょう》（施し）を促す、備蓄米を放出するなどの施策がとられていたことが知られているが、米価を引き上げる政策については、相対的に研究が少ない。

人命に直結するという意味で、米価を引き下げる政策の研究の方が分厚く蓄積されていることは当然だが、当時の政策当局にとっては、米価を引き上げることもまた重要な政策課題であった。江戸幕府も含め、領主階級の財政は、ひとえに米価（米の相対価格）如何にかかっていたからである。事実、江戸幕府は、米価下落局面においては、米価を引き上げる施策を矢継ぎ早に打ち出していた。

江戸時代後期（ただし幕末の開港直前まで）の大坂米価を確認すると（図26）、江戸幕府が米価上昇を目論んで打ち出した政策の内、本書で取り上げる大規模な政策については、いずれも大坂米価が六〇匁を下回った時であることが分かる。この一石六〇匁というのは、江戸幕府が米価の目安として採用していた価格である。この水準を下回れば必ず政策が発動するというわけではないのだが、持続的に六〇匁を下回った場合に政策が打たれたことは

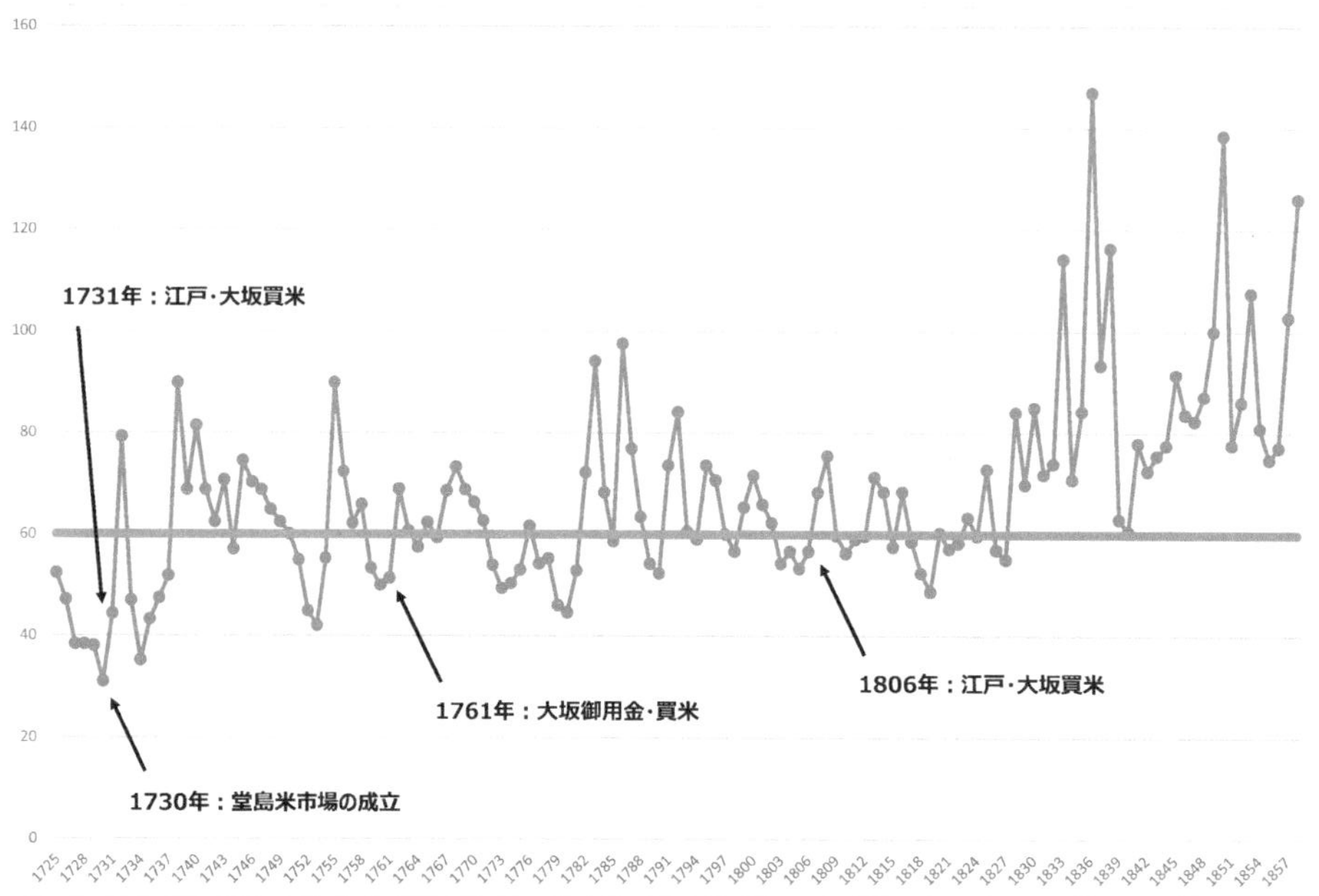

図26　近世後期における大坂米価（1石あたり銀匁）の推移　（出典）岩橋［1981］付表1より作成

確認できる。

これらの政策の効果について、既存研究は冷ややかな評価を与えている。研究例は多くないとはいえ、江戸幕府による米価引き上げ政策の効果を疑問視する、あるいは限定的と見なす見解が支配的である。確かに失敗と呼べるものもあるが、江戸幕府の施策が決して「一本槍」ではないこと、時代を追って変化していったことは、これまであまり注目されてこなかった。

そこで以下では、江戸幕府は失敗から何を学び、どのように活かそうとしたのかという視点から、一八世紀以降の米価上昇策について概観したい。少なくとも食糧に関しては閉鎖経済にあり、かつ人口成長が停滞していた一八世紀以降、豊作の地域が多ければ、ただちに米価下落に繋がる構造にあった。米を輸出することもせず、酒造を奨励する以外に有効な需要増加策が存在しないなかで、江戸幕府はいかにして米価を上げようとしたのか、以下に見ていきたい。

なお、全ての政策を網羅することはむずかしいので、ここでは特徴的な政策のみを時系列に沿って取り上げることにする。また、米価上昇策には貨幣改鋳も含めて議論をすべきだが、話が複雑化すること、筆者自身、研究を進めている最中でもあることから、ここでは割愛し、貨幣的要因を考慮しないでも主張できる内容に絞りたい。

月日	加賀米	加賀新米	中国米	広島米
1月22日	22.4		20.9	26.2
6月23日	34.1		26.2	32.9
6月26日	39.7		27.9	35.6
7月18日	55.2		37.0	47.3
10月10日	33.5	41.5	30.5	38.6
10月21日頃	54.0 ～ 55.0			48.0～49.0

表5　享保16年の大坂米価（1石あたり銀匁）（出典）「享保十六年買米一件控」大阪市立中央図書館市史編集室編［1970］『大阪編年史 第八巻』大阪市立中央図書館、29-54頁

享保一六年の買米令

堂島米市場が、米価上昇の起爆剤となることを期待されて公認されたこと、しかしなかなか米価が上昇せず、株仲間を結成して、米価の統制に当たろうとしたことは、第三章で確認した通りである。

じつは時を同じくして、江戸幕府は違った角度から、米価上昇を目論んでいる。享保一六（一七三一）年六月二四日、大坂町奉行所に大坂町人約一三〇名が召し出され、各個に目標とする米の量が割り当てられ、その分を買持ちするよう命ぜられる。このように町人をして「半強制的」に米の買持ちを行わせることを「買米」（かいまい／かわせまい）と呼び、江戸幕府自身が米の買持ちを行うことを「御《お》買《かい》（上《あげ》）米《まい》」と、当時の人々は区別したため、本書もそれにならう。

買米が発令される前後の米価を観察すると、年初には低水準にあった米価が、買米の発令以後、急激に上昇していったことが見てとれるが、じつは発令前日の段階で、米価が一定程度上昇していたことが分かる（表5）。これは五月ごろから、買米が発令されるのではないかとの噂が流れていたことによる。

政策当局の思惑を嗅ぎ取って市場参加者が先回りすることは、今も昔も変わらないのだが、こうした先回りができたのも、堂島米市場という取引市場が公認されたからこそである。米俵をやりとりする市場ではなく、米切手という証券を売買する市場であったからこそ、人々の期待（江戸時代の言葉で言えば「思惑」）によって価格が敏感に動いたのだ。

このように順調な滑り出しとなった買米政策であったが、米の買持ちを命じられた町人は、なかなか買持ちに応じようとせず、八月ごろには米価の上昇機運は弱まっていたとされる。この間の様子を、当時の史料は次のように説明している。

【現代語訳】
米商人も耳が慣れてきたのだろうか、相場もなかなか上昇しなかったので、再三にわたって大坂町奉行所に呼び出され、買米を仰せつけられたけれども、元々価格が低かった米を、権威によって買わせるとは理不尽であると人々は風説している。〔中略〕無理な価格であって、本当の価格ではないので、江戸幕府の手が離れればただちに下落し、大きな損失をこうむることになる。このように考えて、いずれの者も買い急いだので、一時的に米価は上昇したが、なんだかんだと、相場は下向きになっている。

【史料原文】

米商人も耳馴れ候やらん、相場も聢々上り申さず候ゆえ、その後も再三召し出され、仰せつけられ候えども、元来下直なる米穀を、権威をもって買米仰せつけられ、理不尽なる様に風説いたし〔中略〕無理直段にて実体の直段にこれなく候ゆえ、御公儀の息離るるやいな、下直になり、大分の損失致し申し候事に候えば、その儀を存じ、いずれも買い急ぎ申し候故、一旦は直段出で申し候えども、兎角に相場下向きにまかりなり申し候（「享保十六年買米一件控」『大阪編年史　第八巻』）

政策発動の直後は、市場がそれに感応して価格も上昇したものの、しばらくするとジワジワと下がっていたことが分かる。当時の市場参加者が気にしていたのは政策の「出口」である。江戸幕府の求めに応じて米切手を買持ちしたとして、政策が解除された時に下落してしまうとすれば、買持ちが進まないのは当然である。つまり、この段階の江戸幕府は、米価が安定的に上昇ないし維持されるまで政策を維持すると宣言しなかったがゆえに、市場参加者を積極的に買持ちに誘導することができなかったのである。

話が脇道にそれるが、当時の人々が、政策によって形成された米価を「実体の値段ではない」と表現している点も興味深い。日本国語大辞典（小学館）によれば、「実体」とは「事物の本体。正体。実質」の意とされているので、ここでは「本当の価格」と訳しておいたが、「fair value」と読み替えてもいいかもしれない。

享保一六年買米令の顚末

多くの町人が二の足を踏み、難渋を申し立てて抵抗したことを受け、江戸幕府は次の一手に出る。享保一六（一七三一）年一〇月、個々の家ではなく、「町」の単位で買米の目標高を設定する方針へと転じている。この時、各町に伝えた指示は、次の通りである。

① 町の年寄に買持米の目標高を与えるので、年寄は、それを家持ち、借家人など、それぞれの財産規模に応じて、依怙《えこ》贔屓《ひいき》することなく振り分けること。

② 買米は、古米切手を対象として一一月一五日までに行い、蔵出しした米は食べるか、潰すかして、一切転売してはならない。

誰が裕福で、誰が苦しい台所事情にあるかを、一番よく知っているのは「町」であって、大坂町奉行所ではない。それゆえに、江戸幕府から個々の家に割当高を与えるのではなく、「町」を通じての配分に変更したのである。

米切手と蔵米の交換を命じ、しかもその消費を求めている点も興味深い。米切手をいくら買い集めても、蔵の中にある米の量は変わらない。場合によっては大名が追加的に米切手を発行するかもしれない。ということを理解していたゆえに、米の蔵出し（古米）と消費を求め、市場に出回る米現物の量を物理的に減らそうとしたのである。

米、それも古米をできるだけ蔵出しして、保管するか、食べてしまいなさい、というのも無理な話だが、市場参加者のほうが一枚上手だった。一一月一八日の大坂町触によれば、蔵屋敷に米切手を提示して米の蔵出しを受けるのではなく、現銀で米切手を買い取ってもらう行為が禁止されている（『大阪市史　第三』）。米切手を蔵米在庫量以上に発行しているため、米の蔵出し請求を少しでも減らしたい諸大名の蔵屋敷と、米を物理的に保管する場所を持たない商人との利害が一致した結果が、米切手の現銀での買い取りという逸脱行為であったと言えるだろう。

江戸幕府は、米の置き場所が町内になければ、いずこかの蔵を当分の間、借り入れることは勝手次第である（『大阪市史　第三』）としていたが、当然、保管費用は自己負担であり、蔵を確保できる保証もない。米を蔵出しするよりも、米切手を現銀化した方が、はるかに都合が良いのである。この失敗を踏まえてか、以後、江戸幕府が「米を消費せよ」と命じることはなくなり、ただ米切手を買うように指示するのみとなる。

大坂市中を巻き込んで展開した買米政策は、翌享保一七（一七三二）年に西日本を襲った虫害による大飢饉（第三章、五七－八頁）によって沙汰止《さたや》みとなる。つまり、政策の「出口」が、米価に上昇圧力を与える災害によって、外部から与えられたわけである。

米価の下限規制

享保一七年の米価は高水準を示し、一転して幕府は抑制策に追われたが、同一八年以降は再び下落傾向をたどり（五五頁、図3参照）、江戸幕府は再び対策の必要に迫られる。

そこで打ち出されたのが、米価の下限を設定する政策である。すなわち、享保二〇（一七三五）年一〇月、大坂においては米一石につき四二匁以上で売買が行われるべきだとし、それ以下での買い取りを望む者は、一石につき銀一〇匁ずつの銀を上納すべしとする政策である（『御触書寛保集成』）。

当時の実勢価格は、筑前米が一石三五～三六匁、広島米が三一～三二匁であったと伝わるので（「草間伊助筆記」）、政策によって一律に四二匁以上での売買を義務づけたとすれば、供給過剰が発生する。そしてそれは後述するように現実のものとなるのだが、それ以前に市場参加者たちが気にしたのが「出口」である。

すなわち、同年一二月六日、江戸幕府は、大坂市中に対して、今回の下限規制はいずれ撤回されるのではないかと予想して「例の通り」買持ちを控える不届き者がいるとした上で、下限規制を撤廃することは絶対にないと通告している（『大阪市史　第三』）。また、米商たちが買持ちに協力し、米価が上昇してくれれば、規制を解除する用意があることも伝えている。つまり、米価が低い内は絶対に解除しないとコミットしたのである。同様のお触れは江戸でも出されており、政策効果が上がらないことに政策当局が苛立ちを覚えていた様子をうかがうことができる。

買米ふたたび

「例の通り」積極的に米を買おうとしない大坂米商に対して、江戸幕府は次の一手を打った。同年一二月二五日、堂島の米仲買ならびに清算を行う両替屋である米方両替に対して、それぞれ一〇万石と三万石の買持ちを命じたのである（『大阪市史　第三』）。さらに、蔵屋敷の米入札に応札せず、帳合米商いばかりを行っているのは不届きであるとして、この目標を達成するまでは、帳合米商いを禁止すると通告している。

帳合米商いにも右の下限規制がなされたのかは不明だが、この指摘からすれば、帳合米商いは規制の対象外とされたのかもしれない。実際に一二三万石もの目標が達成されたのか、そもそも帳合米商いは本当に停止させられたのか、といった点については、残念ながら不明である。後に紹介する、米商の提出した規制撤回の嘆願書には、帳合米商いの再開という要望は含まれていないことからすると、実行には移されなかったとも思われる。

さらに江戸幕府は、翌年の享保二一(一七三六)年三月には、大坂の富商ならびに富農五十余家を対象に、危ぶむことなく米の買持ちを進めるように督促することも計画している。また、同じく三月、大坂市中の町々に対して、江戸幕府が大坂に備蓄する米(御城米)、しかも三年米・四年米という古米の買い取りを強制していたことも分かっている(内田[二〇〇〇]、「古記録 元文元年」)。

内田九州男はこれを「相当に露骨な収奪」とし、これに強く反発した町々の姿勢を紹介した上で、彼らの反発があったからこそ、後に江戸幕府は、買米ないし御用金の拠出を求める際に、大坂市中の町々を対象とせず、富裕町人のみを対象にしたのではないかという興味深い仮説を提起している(内田[二〇〇〇])。

下限規制の撤廃

以下に示す史料は、価格規制の実施から半年が過ぎた享保二一（一七三六）年四月一六日に、大坂米仲買が連名にて提出した廃止嘆願書である。長文なので抜粋して掲示する。

【現代語訳】

一、大坂の米市場は自由なものでありまして、他所・他国から参加者が集まり、急に現銀が必要になれば、買持ちしていた米を売り払うことができます。多少安く売れば、いつでも買う人はいるもので、翌日には現銀を手にすることができますので、安く売ることにともなう損失は少なくて済みます。しかし、現状では「御定値段《おさだめねだん》」より少しでも安く売買することは敬遠されますので、商人どもは、米の売りさばきに手支《てづか》えるのではないかと懸念して、米の買持ちをしなくなっております。これによって正米商いも振るわず、難儀をしている次第です。

【史料原文】

一、御当地市場の儀は自由なる義にて、他所・他国より入り込み、自分金銀をもって買い置き候米、急に銀子入用の節は、少々下直に売り払い候えば、何時にても買う人これあり、翌日銀子に相なり申し候につき、何時にても少々の失墜に候、然るところ、ただ今にては、御定直段より少々にても下直に商い致し候義、恐れ奉り候につき、諸商人ども売り捌きの儀につき、手支え申すべくやと、何分買い置き仕らず候につき、正米商いこれなく、難儀におよび候御事（『大阪市史　第三』三七二－三七三頁）

売りたい時に売れない、買いたい時に買えないことを、大坂米商は「手狭《てぜま》」と呼び、これを嫌ったことは先に述べたが（第二章、三六頁）、ここでは「御当地市場の儀は自由なる義」という表現を使って、思うままに売買できることの重要性を訴えている。

また、右に続く部分において、大名の資金繰りに悪影響が出ていることを指摘している（原文：御大名様方、御払い米、一切相さばけ申さず候につき、諸方、先操《さきぐ》〔繰〕りの指し支え罷りなり）。米仲買にしてみれば、他国からの注文が減少すれば手数料収入においても打撃をこうむることになる。しかし、そうした本音は控えめに、諸大名の資金繰りに悪影響が及ぶということを材料に、廃止を嘆願しているのである。

この嘆願から二ヵ月が過ぎた元文元（一七三六）年六月、幕府は貨幣改鋳（元文改鋳）の実施と引き替えに、米価公定策を放棄することになる。これ以後、江戸幕府が価格に制限を設けるという形で市場に介入することはなくなるが、価格を望ましい水準に誘導する努力は引き続き行われた。

宝暦の大坂御用金

再び米価下落が問題視された宝暦一一（一七六一）年一二月、江戸幕府は空米切手停止令を発令すると同時に、大坂市中全体を巻き込んで大規模な買米政策を展開する。最初に政策の概要を整理したい（賀川［二〇〇二］、拙著［二〇一二］）。宝暦一一年一二月、大坂町奉行所に身元の確かな大坂町人二〇六家が呼び出され、総額で一七〇万三〇〇〇両もの現金拠出を求められた。後述するように、これは上納ではなく融資の形をとっている。

当時における市場全体の米切手発行残高を四斗俵換算で石高に直し、それを当時の米価・金銀の交換レートで金換算すると約三八万両となる（米切手発行残高は「万相場日記」より宝暦一一年末の数値として一七九万俵を参照し、米価は拙著［二〇一二］表三－三より約五〇匁と判断し、金銀の交換レートは中井［一九七一］第四表より宝暦一一年の相場、金一両＝九三・八匁を参照した）。ここで求められた一七〇万両余という支出がいかに巨額であったかが分かる。

もっとも、目標額に対して実際に上納された金額は約五六万両と、目標額の三〇％程度であった。とはいえ、享保一六（一七三一）年の大坂買米において買い集められた米切手

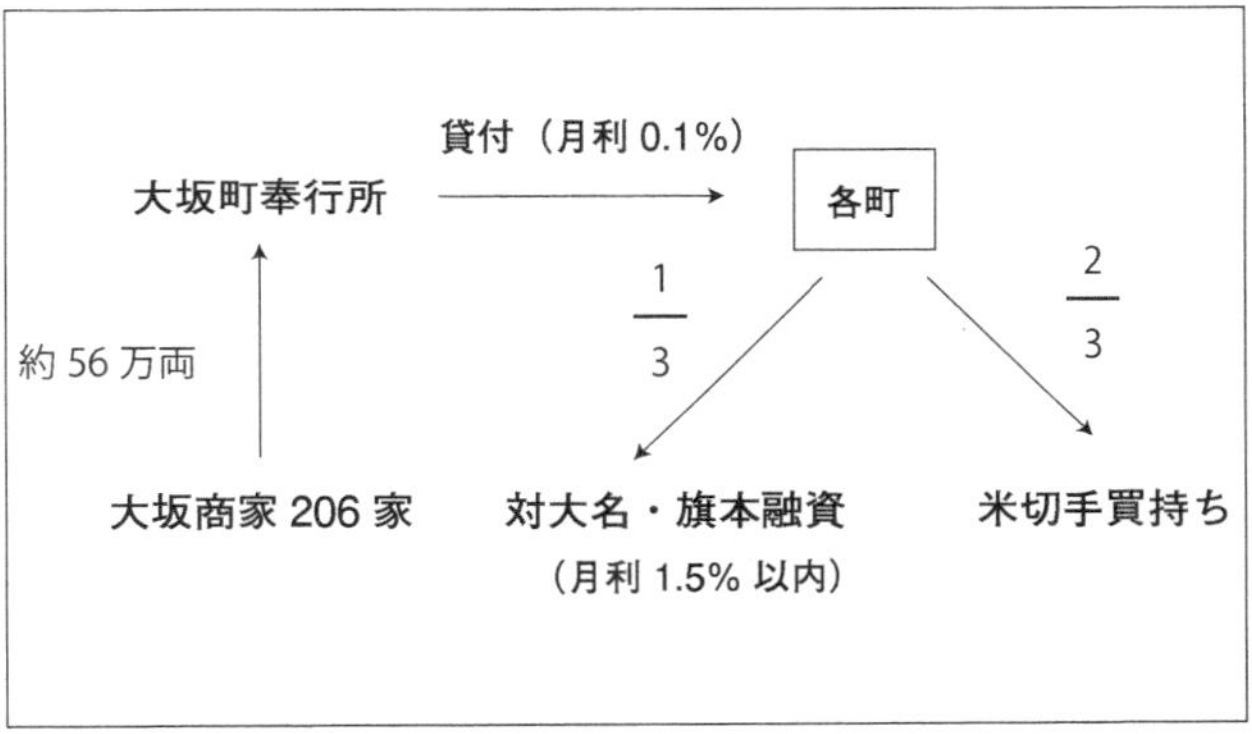

図27　宝暦の御用金政策における資金の流れ

は一〇万石であったと伝わっており（「草間伊助筆記」）、これを当時のレートで金換算すると九万一〇〇〇両強となることからすれば、桁違いの金額を集めることに成功したと言える。

ここで集められた資金（御用金）は、大坂町奉行所に納められた上で、各出資者からの貸付という形で、合計三二五の町に対して、それぞれ月利〇・一%の利息で貸し下げられた（図27）。出資者からしてみれば、月〇・一%のクーポンがついた国債を半強制的に買わされたことになる。

融資の受け入れ額は町によって差があるが、その内三分の二を米切手の買持ちに使い、残り三分の一を、月利一・五%以内の利息で任意の相手に貸し付けることが求められた。つまり、各町は米切手の買持ちを求められ、その値下がりリスクを引き受ける代わりに、最大月一・四%の利鞘が与えられたのである。もちろん、米切手価格が上昇すれば、この利鞘に加えて投資収益を得ることになる。なお、町が貸し付ける相手は任意とされたが、結果から述べれば、この資金を借り受けたのは大名・旗本であった。

この政策が空米切手停止令と同時に展開したことは決して偶然ではなく、一連のものとして考えるべきである。米切手の信用不安を解消することで、米切手の買持ちを進める(米価を引き上げる)ことが空米切手停止令の狙いであったことは先に述べた通りだが(第七章、一八三頁)、右に示した町による米切手買持ちを円滑に進めるためにも、米切手の安全性を保証しておくことが必要だったのである。

空米切手停止令によって米切手の安全性を高めて米切手の買持ちを促進する。それだけでは足りぬと、大坂市中から融資を募り、そこで得た資金を、町を通じて米切手市場、大名金融市場に投下することで、さらなる米価上昇と領主階級の資金繰り改善を図る。米市場と金融市場の両睨《にら》みで政策が展開されたのが、この時期の特徴である。

この政策にかけた江戸幕府の意気込みは並大抵ではなく、江戸から勘定吟味役の小野一吉《おのくによし》をはじめとする役人一行(総勢一六名)を大坂に派遣して政策を展開した。小野は、御目見得以下の御家人から勘定吟味役、勘定奉行へと栄達した、田沼時代の勘定所を象徴するような人物で、江戸幕府の利益になることであれば、何をはばかることもなく推し進める才力抜群の人であったと伝わる（藤田［二〇〇七］、［二〇一八］）。

　空米切手停止令にせよ、右の御用金政策にせよ、小野の発案で進められた可能性もあるが、確証はない。とはいえ、小野が大坂に派遣された以上、政策の実施担当者（掛り役人）であったことは確かであり、一連の政策が実行に移された後、小野が勘定奉行に昇進していること（宝暦一二年六月六日付）も無関係ではないだろう。

　ともあれ、この小野が目を光らせる中、大坂町奉行所は大坂町人二〇六家を呼び出して、巨額の御用金拠出を命じた。その時の緊迫した様子は、三井家の史料を駆使した賀川隆行の研究に詳しい（賀川［二〇〇二］）。一二月一六日、大坂西町奉行所から三井越後屋《みついえちごや》の大坂本店に呼び出しがかかり、同店支配役が出頭すると、すでに約六〇名が呼び出されており、それぞれに差し出すべき御用金高が提示された。

　三井家の当主・三井八郎右衛門に課せられた金額は五万両で、鴻池屋善右衛門、加島屋久右衛門らと並んで最高額である。これが内々の諮問もなく、突然言い渡されたものであったことは、三井大坂本店が驚いて大坂両替店と京本店に相談していることからもうかがえる。享保一六年の買米と同様に、大坂町人は「のらりくらり」と言い訳をして返答遅延、減額要求を行おうとしたが、大坂町奉行所は、これに対して強い態度で臨んだ。

　すなわち、御用金の納付期限の翌日、宝暦一二（一七六二）年二月一日に、出金を渋る者たちを奉行所の白洲《しらす》に呼び出し、大坂町奉行が直々に以下の演説を行っている。

【現代語訳】

「とやかくと理由をつけて今日に至るまで指定の金額を納めず、不届きである。期限の延長を申請するならまだしも、一部だけ納金して残りは免除して欲しいと願い出る者が多く、不埒《ふらち》の至りである。今日奉行所に集まった面々のなかには、互いに金額を申し合わせて納金額を提出した族《やから》もいる。今日提出された書付を見ていても、相互に申し合わせたと思われるフシがある。要するに発頭人がいて、その者が申し合わせを主導しているのだろうが、その者はこちらでも把握しているから、後日処分を下すことになるだろう。不届き千万のやり方であるから、そうした族は牢屋に入れてやる」と吐き捨てられて、大変御立腹の様子で退出されたそうである。

【史料原文】

とやかく今日まで皆納め仕らず不届きに候、日限猶予相願い候者はまだしもにこれあり候、残金御赦免相願い候者共多くこれあり、はなはだ不埒の至り、もっとも此内にはこれまでの納金高なども互いに申し合わせ候て、認め出で候族もこれあり、また今日の書付とても申し合わせの体に相見え候、畢竟此内に発頭人これあり右の仕儀と存じ候、その者も此方によく存じおり候えば、後日に急度《きつと》相咎め申すべく候、さてさて不届き千万なる仕方に候えば、いずれも着致し候上下をすり、牢屋へ遣わし申すべくと仰せ捨てられ、はなはだ御立服の体にて御退座遊ばされ候よし（「内無番状刺」三井文庫、別六三五）

この時、奉行所の入り口は封鎖されていた。閉じ込められた上に、お白洲で恫喝《どうかつ》を受けたのだから、呼び出された面々は、さぞ肝を冷やしたであろう。奉行が席を立った後も、与力による説得は午前二時頃まで続いたとある。こうした恫喝まがいの説得によって、五六万両もの現金が集まったのである。

享保の大坂買米との違い

宝暦の御用金に伴って行われた買米は、享保の買米と比べて三つの点において異なっていた。第一に、米切手を買持ちする主体と資金を拠出する主体とを分離した点である。享保の買米では、町ごとに負担高を割り振っていたが、宝暦の買米では、まず個人に資金の負担高を割り振り、それを各町に貸し下げることによって買米を行わせしめたのである。町としては、上から降ってきた他人の資金を使い切ればよく、蔵屋敷と結託して米切手を現金に換えてもらう必要もない。内田［二〇〇〇］が指摘するように、享保二一年三月の買米（古米）に、町々が反発したことを踏まえたのかもしれない。

第二に利殖の要素が加味された点である。享保の買米では、町人が買米に応じる誘因は弱かった。米価が上昇すれば、政策解除後に買持ちしていた米切手を売却して利益を得る可能性はあったものの、値下がりリスクと表裏一体の関係にあるため、一概に利点とは言えない。一方、宝暦の買米では、資金拠出者は月〇・一％と薄利ながら利息収入が見込め、資金運用者である各町も最大で月一・四％の利鞘を獲得することができた。買米に伴う価格変動リスクが利殖によって償われる形になっていたのである。かかる仕組みが導入された背後には、何らかの利点を提供しない限り、大坂町人に買米に当たらせることはむずかしいという判断があったものと思われる。

第三に実施の徹底性である。享保の買米では、なかなか協力的な態度を示そうとしない大坂商人を、根気強く説得していたが、ここでは恫喝して協力を求めている。江戸からやってきた新進気鋭の役人である小野一吉らに睨まれて、大坂町奉行（所）としても甘い態度は見せられなかったのかもしれない。

政策がもたらした正負の効果

目標額に届かなかったとは言え、約五六万両もの資金を吸い上げたことは、それ自体一つの達成であった。しかし、逆にそれがひずみを生む。大坂町奉行所は、大名の江戸為替（大坂から江戸への送金）が滞っていること、大名から商人への新規融資依頼が断られていることを聞いて、御用金の拠出者に対して何度も事情聴取を行っている（賀川［二〇〇二］）。本当に金融逼塞《ひっそく》が生じていたのか、あるいは政策撤回を求めるために、商人たちが意図的に逼塞を演出したのかは定かではないが、五六万両もの現金が市場から吸い上げられたことが事実である以上、全く影響がなかったと考えるのも無理がある。

金融の逼塞は江戸幕府にとって避けたい事態であった。そもそも米価浮揚策とは領主階級のために発動するもので、そうであればこそ、御用金を買米のみに限定することなく、大名・旗本への融資にも割いたのである。金融が滞ってしまっては元も子もない。

結局、江戸幕府は、宝暦一二（一七六二）年二月二八日に、発令から三ヵ月で御用金政策を停止する。出金者へは返済手続きが進められたが、大名・旗本への融資分の内、多くが焦げ付き、回収に長い時間がかかったことが分かっている（賀川［二〇〇二］）。出資者にしてみれば、巨額かつ低利回りの債券を掴まされた上に、償還が滞ったということになるので、最悪な幕引きであった。

では米価浮揚策としての効果はどうであったのだろうか。この間の米価推移を見てみよ

西暦	月日	筑前米	帳合米 （立物：筑前）
1761年	11月13日	52.9	55.7
	11月30日	52.5	58.2
	12月24日	45.2	
1762年	1月4日	56.4	75.4
	1月10日	53	71.5
	1月19日	69	
	1月27日	66.5	78.5
	2月28日	70.4	86.4
	3月5日	54	64
	3月6日	51.8	59.3
	3月8日	51.8	60
	3月14日	54	60.6
	3月25日	53.8	60.6

表6　宝暦の御用金令前後の大坂米価　（出典）拙著［2012］、表3-3より抜粋

う（表6）。

連続的な米価は得られないのだが、宝暦一一（一七六一）年一二月一六日に御用金令が発令されてからしばらくの間、筑前米価格は上昇どころか下落していたことが分かる。もし市場参加者が、当該政策が米価上昇に帰結すると期待したのなら、発令時点で米価は上昇したはずである。事実、享保の買米では、発令前から米価が上がっていたことを想起されたい。それが下落したということは、当該政策が市場から嫌忌されたことを示唆している。現金を拠出する形式が懸念されたのかもしれない。

年が明けたころから米価は徐々に上昇し、政策解除時点（二月二八日）までには、正米・帳合米ともに高水準に達していたことが分かる。大坂町奉行による恫喝まがいの説得が行われたことが象徴するように、江戸幕府が当該政策に強いコミットメントを示したことが影響したと考えられる。とりわけ帳合米価格が先に反応し、しかも正米価格よりも上昇幅が大きかったことは興味深い。思惑で動きやすい先物市場の特性を示したものと解釈しておきたい。
そして三月以降、つまり政策解除以後は急下落し、三月下旬には政策発動前と同水準にまで下がっていたことが分かる。

宝暦の御用金政策をいかに評価するか

政策解除後に米価が元の水準に戻ってしまったこと、金融市場に混乱をもたらしたことの二点から、当該政策を失敗と評価することもできる（賀川［二〇〇二］）。しかし、米価の上昇局面があったことは無視できない。この期間に米切手を発行した大名（蔵屋敷）は大いに助かったはずである。買米政策がなければ、一石五〇匁前後で米切手を発行せねばならなかったところを政策解除間際には七〇匁前後で発行できたのだから、この差は大きい。

事実、八万石の米を廻送する予定であった広島藩は、政策発動前に当たる九月の時点で、大坂の豪商・鴻池屋善右衛門に対して、今年の米価は四〇匁台になると予想され、資金不足が生じる可能性が高いので、ぜひ融資をして欲しいとあらかじめ頼んでいる（「芸州御積書目録並御相対御掛ヶ合之控」）。このやりとりのなかで、広島藩の役人は、「豊年の飢饉」という言葉を使っている。豊年に伴う米価下落は、大名財政には飢饉に等しいというのである。

政策の発動が年の瀬だったので、通常、秋から春にわたる大坂での米販売期間は後半に入っていたが、熊本藩や広島藩のように、八万～一〇万石の米を大坂に運ぶ大名であれば、大きな財政収入の差をもたらしたと考えねばならない。江戸幕府の買米政策は、「豊年の飢饉」を救う慈雨と大名には感ぜられたのではないだろうか。

一方で、金融逼塞が懸念される事態を引き起こしたことも事実である。したがって、短期的な米価上昇はもたらしたものの、政策総体としては失敗であったというのが筆者の見解であった（拙著［二〇一二］）。しかし、研究の発表後、江戸幕府の狙いが大名・旗本の短期的な資金繰り改善にあったとすれば、一概に失敗とは言えないのではないか、むしろ一定の成果が得られたから解除したのではないか、とのご指摘を複数の方から頂戴した。

確かに、政策の評価は政策当局の意図も踏まえて行うべきであり、大変建設的なご指摘として受け止めているが、いかんせん、江戸幕府の真の狙いがどこにあったのかを示す史料を見出すに至っていない。そのため、右のご指摘に対して実証的に回答することは現時点ではむずかしいのだが、大名側の史料を今後分析していくことで、当該政策が領主財政に与えた影響を、正負両面（米価の上昇と金融逼塞に伴う損失の両面）から検討することはできそうである。それによって、ひとまず幕府の意図はおくとして、政策がもたらした客観的な効果を検討し、右のご指摘に答えることはできると考えている。

現時点で確実に言えることは、少なくとも御用金の出資者は痛い目にあったということである（賀川［二〇〇二］）。

文化三年大坂買米の発令

次に江戸幕府が大坂市中を巻き込んでの大規模市場介入を行うのは文化三（一八〇六）年である（以下、拙稿［二〇一二］、Shibamoto and Takatsuki［二〇一四］に依る）。一〇月一四日、江戸幕府は江戸市中の町々、ならびに江戸城下にて米を商っている商家を対象として、それぞれに可能な限りの米を買い集めるように指示している。そして一ヵ月後の一一月一五日以降、大坂においても次々に商人を呼び出し、最終的には三一七家に対して買米を指示している。

まずは一一月一六日以降に、召し出した大坂町人に対して渡された書付の文言を確認する。少し長いのだが、恫喝まがいの説得が行われた宝暦期と対比しながら読むと興味深い。

【現代語訳】

近年米価が継続的に低く、武家・農民はもちろん、自然と商人の商いも薄くなっているようで、全体として金銀融通が滞り、世上一統が難儀している。どうにかして御救済の政策効果を一層発揮させようと、江戸表でも厚くお世話をなされて、公金による米のお買い上げなども実行したけれども、少しの量ではとても値段を上昇させるのはむずかしい。

そこで、さらに公金を追加されて、大坂でもお買上米を実施することになった。町人どもの内、この御仁恵をありがたいと思って米の買持ちをする者は、自分たちの判断でその数量を考えるように、とのご沙汰が江戸表よりなされたので、お前たちに米の買持ちを申しつけるものである。

これは御用というばかりのことではなく、世上の融通につながることであって、銘々が平素より安穏と暮らしている御恩をありがたく思い、なるべく努力して、石高を銘々が封書にして提出すべきこと。石高を集計し、ご趣意にかなうようであれば、その内容を江戸表に報告するので、早々に申し出なさい。

もっともこれは米価が低いゆえのことであって、永久に買持ちを命じるものではない。値段が上昇すれば、差図の上、売却を命じるので、そのことをわきまえて精を出しなさい。

【史料原文】

近年打ち続く米価下直につき、武家・百姓は申すに及ばず、自然と町家までも商い薄き趣にて、すべて金銀融通宜しからず、世上一統の難儀、何とか一際お救いのご趣意相立ち候ようなされたく、江戸表においても厚くお世話にて、お買上米などもこれあり候えども、少分にてはとても直段引き上げ方行き届きがたく、公儀よりもお金差し加えられ、なおまた当表においてもお買上米仰せつけられ候につき、町人共の内、ご仁恵をありがたく存じ奉り、買上米致すべきもの、自分ども勘弁の上、取り調べ申し上ぐべき旨、ご沙汰の趣、このたび江戸表より申し来たり候間、その方共へ買上米申しつけ候、御用ばかりの儀にこれなく、世上へ対し融通に相成り候儀にて、銘々年来安堵に渡世いたしまかりあり候ご国恩の程、ありがたく存じ奉り候て、なるべくだけ出情いたし、石高銘々封書にいたし差し出すべく候、石高相束ね、ご趣意通りにおよび候わば、その趣をもって江戸表へ申し上げ候間、早々申し出ずべく候、もっとも右は米下直についての儀につき、永々買持ち居り候訳にはこれなく、直段引き立て候上は、差図に及び、追々相払わせ候間、その旨を存じ、出情致すべく候（『大阪市史　第四　上』四五八－四五九頁を土台にして、明らかな誤字・脱字を「草間伊助筆記」、「浜方記録」に基づいて修正）

全体的に商人側の利害を意識した内容になっている。特に注目すべきは最初の傍線部分、米価下落は武家・農民のみならず、商家にも悪影響を与えているのだから、買米政策の成否はお前たちの利害にも関わる、という論理である。「御用なのだから金を出せ」と迫った宝暦期とは大きく異なる。

本来、米価が下がって困るのは、貢租米の売り手である支配階級と、貢租を差し引いた余剰米を売却していた農民であって、都市で生活する者、とりわけここで買米を求められている富裕な商家にとっては、単純に食費だけに限って言えば、何の不都合もなかった。

そのことを意識してか、この時の江戸幕府は、米価の上昇は世上の融通を好転させ、商家もその恩恵に与ることができるという理屈づけをして、協力をとりつけようとしている。米価を調整することは、支配階級のみの利害によって行うのではなく、全体の利益のために行うのだ、とでも言わんばかりである。

この発言が単なる方便なのか、実際に経済全体のことを考慮したものなのかを検証するのはむずかしいが、客観的事実として、米価上昇→武家・農民の収支好転→財政（消費）支出拡大→商家も潤う、あるいは米価上昇→武家の収支好転→借財返済の円滑化→商家も潤う、といったサイクルが実現していたのか否かを検証する必要はありそうである。筆者の研究はそこまで及んでいないので、この点の解釈は保留する。

いずれにせよ、買米政策は、武家・農民だけのためではなく、世上一統のために行うことなのだから協力せよ、との論理で江戸幕府が協力を求めたことは事実である。また、あくまでも買米は米価が下落している間の措置であって、上昇すれば売却を許可すると事前に通達している。米価が上昇しない限り、政策は解除しないと宣言する手法はこれまでの通りだが、これまでの経験を踏まえ、江戸幕府でも商人側の協力をとりつけるために工夫をしていた点に注意すべきである。

目標高の指定

ところが、と言うべきか、やはり、と言うべきか、こうした理性的な説得では大坂商人の協力を引き出すことはできなかった。堂島で米仲買を営んでいた播磨屋仁三郎の記録によれば、升屋平右衛門という商家が二〇〇〇石を自己申告したものの、誰もこれに続かず、三〇〇石以上を申告する家はなかったとある（「浜方記録」）。封書で提出せよと言われていたにもかかわらず、播磨屋が他の家の申告高を知っている点に注意しなければならない。大坂商人は、左右を見渡し、情報共有をしながら、様子を見ていたのである。

商家の自発的意思に任せていたのでは埒があかないと考えた大坂町奉行所は、次の一手に出る。一一月三〇日、これまでと同様に、目標高を一方的に設定したのである。今回は宝暦期と同様に家ごとの指定で、三一七家それぞれに目標高が与えられ、それについて実施する旨の返答をせよ、と通達した。さらに今回の買米を理由として、大名家の為替送金を滞らせるなどのことがないようにと釘を刺している（『大阪市史 第四 上』四五九頁）。宝暦の御用金が招いた金融逼塞を踏まえたものと考えられる。

ここで指定された石高は一二五万七〇〇〇石に及ぶ。これを一石＝六〇匁＝一両で換算すると、一二五万七〇〇〇両に及ぶ。宝暦一一年御用金の目標高一七〇万三〇〇〇両よりも規模は小さいが、巨額であったことは確かである。

とはいえ、これはあくまでも目標高であって、実際にどの程度の買持ちを行うかについては、商家と大坂町奉行所との交渉にかかっていた。大坂町奉行所が、実施するという返事のみを寄こせと言ったものの、素直に応じる大坂商人ではない。さまざまな理由をつけて、返答を先延ばししたり、減額を願い出たりと、これまでにも見られた光景がここでも繰り返された。

升屋平右衛門の素晴らしい提案

一一月三〇日に買持ちの目標高三万石を指定されて以後、三井家では、返答延期を繰り返して様子を見ていた。この間、大坂本店では情報収集を進めており、返答延期を繰り返す家が続出している中、先にも名前の出た升屋平右衛門(以後、升平)だけは、指定高一万石に対して満額の一万石を引き受ける旨を指定期日の一二月二日に返答したと聞きつけている。そもそも升平は、自発的に二〇〇〇石を引き受けていたのだが、さらに目標高を上乗せされても、それに応じたのである。

升平のこうした対応は大坂市中で話題になっていた。大坂本店は「升平がこのように速やかにお引き受けしたので、他の家はどこも難儀することになり、評判が悪い(原文:右体速やかに御請け申し上げ候ゆえ、外々一同難渋に相成り候なり、不評判にこれあり候)」と記録している。優等生はいつの時代も憎まれるらしい。

さらに「三井八郎右衛門様のお名前、世間体を考えると、とても買持高を皆無にするわけにはいかなくなった(原文:八郎右衛門様御名前の所、世間体聞えもこれあるべく候間、とても皆無の御断りは相立ち申すまじく)」と不満も述べている。三井家の奉公人としては、主人・八郎右衛門の名前に泥を塗るわけにはいかないのである。

このように買米の引き受け高が世間体と結びついていたことは興味深い。銘々の引き受け高は封書にして提出されたはずなのだが、ここではその内容が市中に伝わることが前提とされている。事実、升平の返答は、市中に広まっていたからこそ「不評判」を呼んだのである。

　もっとも、升平の返答が広まったのには別の事情もあった。升平は、目標高の一万石を全額引き受けるとしたが、全てを一度に買持ちすると回答したわけではなかった。一万石の内、年内に二〇〇〇石、翌年二月までに一〇〇〇石、四月までに二〇〇〇石を、相場が一石六五匁を下回る限りにおいて買持ちし、五・六月までに残る五〇〇〇石を相場が一石六〇匁を下回る限りにおいて買持ちすると申告し、これに対して大坂町奉行所より「別段御褒詞《ごほうし》これあり候よし」（「大坂表ニ而買持米被仰付候一件往返通達之写」）、すなわち大坂町奉行所が特に升平の提案を褒めたと三井家は聞きつけたのだ。大坂町奉行所にとって望ましい回答をしたからこそ、お褒めの言葉とともに市中に意図的に流布された可能性もある。

　升平の提案は、堂島米市場では五月から始まる夏相場の前に立物米を入れ替えるため（第五章、一二四頁）、それによって相場が下がる傾向にあったことを踏まえたものとなっており（買持ちを実施する上で升平が基準とした米価が六五匁から六〇匁に変更されている）、堂島米市場のことをよく知っている者でなければできない提案である。しかも、一度に全てを買持ちするのではなく、時期を分けて、米価が低い場合においてのみ実施するという、実に行き届いたものであった。

　この時期の升平を主導していたのが、大坂懐徳堂で「今孔明」と英才を謳われ、堂島米市場について深い知識を有していた山片蟠桃であったことと深く関わっていたのではないかと筆者は睨んでいるのだが、確証はない。

いずれにせよ、升平の提案は、政策の意味を大きく変えるものとなっている。つまり、「買持ちはただちに行う必要はなく、米価が下がっている場合に行えばよい」ということ、そしてそれは江戸幕府の方針とも合致していることを、大坂市中に知らしめる効果を持っているのだ。

さらに言えば、この時の江戸幕府が「低米価」と考える米価水準が、冬〜春相場には一石六五匁以下、夏相場には六〇匁以下であったこともこれで判明する。江戸幕府は、二〇一八年現在の中央銀行のように、二％の物価上昇、といった具体的な数値目標を掲げることは基本的にしなかったため、升平の提案を大坂町奉行所が賞賛したということは、重要な判断材料を市場に提供したことになる。こうした意味でも画期的な提案であった。

もっとも、三井家は升平の提案を苦々しく思っていた。すぐに買わなくてもいいのだから、かえって喜ぶべきことのように思うが、特定の数量の買持ちを約束しなければならない、しかも三井家の名前にふさわしい数量を約束しなければならないという点を嫌ったのだ。

政策の「出口」と買米高の意味

大坂町奉行所が、目標高を引き受けさえすれば、ただちに買持ちを行わなくてもよいと考えていたことは、最終的に商家が引き受けた数量、また実際に実施した買米の数量を観察することによっても裏付けられる。

今回の買米によって、三一七家全体で約五七万石の買米が引き受けられ（目標高は一二五万七〇〇〇石）、それに応じた家々は、その貢献度に応じて褒賞を受けている。筆者が分析したところでは、大坂町奉行所が指定した目標高の四割以上を引き受けた商家は軒並み褒賞を受けている（拙稿［二〇一二］）。

このことは、江戸幕府は目標高の四割を請け負うだけでも褒めるに値すると考えていたことを意味しているわけだが、減額交渉がなされることを見越して、あらかじめ高めの目標高を設定したのではないかと疑いたくもなる。この推測が正しければ、江戸幕府もなかなかしたたかであったことになる。

一方、三井家では三万石の目標高を設定されたのに対し、あの手この手で交渉を展開し、最終的には一〇分の一の三〇〇〇石に減額して買持ちを承諾している。ところが三井家では、この三〇〇〇石の内、実際には一〇〇〇石しか購入していなかったことが帳簿によって確認できる。

文化四（一八〇七）年上期における三井家の決算帳簿〔「大元方勘定目録」〕に、銀六〇貫一六〇匁が計上され、「大坂買持米の内、広島米仙〔「千」を意味する符牒〕石買付代、但し切手にて一〇〇枚なり」と添えられている。同様の記載は同年下期の決算帳簿にも確認できるが、翌文化五年上期には現れなくなっている。これは後述するように買米が解除され、買持ちした米切手の売却許可が出たことによる。三井家では結局のところ、三〇〇〇石の全てを買持ちしたわけではなく、一〇〇〇石のみ買持ちした時点で、政策の「出口」を迎えたのである。

米切手の買持ちを行う場合は、どの銘柄の米切手を、どの米仲買から、いくらで、何枚購入したのかを書面に記し、購入した米切手を添えて大坂町奉行所の検分を受けた上で、封を施された後に返却されるのが、買米の具体的な手続きであった。したがって、大坂町奉行所では、実際に誰がいくら買持ちしているのかを把握していたことになる。それにもかかわらず、三井家のように引き受け高の通りに買持ちを行わない家があったということは、大坂町奉行所がそれを容認していたことを意味する。

今回の買米について、大坂町奉行所が恫喝を加えた様子はない。むしろ、商家による減額要求を受け入れる傾向にあったため、指定高の満額を素直に買持ちした商家の中には、これを不公平に感じ、大坂町奉行所のやり方は「手ぬるい」と不満を持つ者もいた

（「浜方記録」）。一部の商家が、買米高をできる限り引き下げ、しかも引き受けるだけ引き受けておいて、実際の買持ちを先送りする。そしてそれを大坂町奉行所が放置する。ただちに満額を買持ちした商家からしてみれば、確かにこの状況は面白くない。

しかし、升平の提案を大坂町奉行所が歓迎したことが端的に示しているように、大坂町奉行所（江戸幕府）にとって大事なことは、「一定の数量を買持ち致します」と三一七家に約束させることにあり、多少の減額を認めても、また実際の買持ちが先になっても、それ自体は問題ではなかったのだろう。この約束さえ得ておけば、「いざ」という時に、三一七家に号令して、米切手を実際に買持ちさせる権利を保有していることになるからだ。

さらに重要なことは、解除という選択肢も得たことである。買米が発動してから約半年後の文化四年五月から六月にかけて、近畿を中心に水害が発生し（『大阪市史　第四　上』四七四頁、「草間伊助筆記」）、米価が上昇に転じたことを受け、同年一〇月には買持ち分の三分の一を、翌文化五年四月には買持ち分の全てを売り払う許可を江戸幕府は出している（『大阪市史　第二』）。「解除」という号令ひとつで、今度は逆に米価を引き下げる効果を狙ったのである。このように、またしても政策の「出口」は災害によって外部から与えられたわけだが、もし災害が起きなければ、買米政策は維持され、必要に応じて米切手を実際に買うように指示がなされたであろうことは想像にかたくない。

今回の引き受け高、五七万七〇六〇石は、一石＝銀六〇匁＝金一両で換算すると、金五七万七〇六〇両に及び、宝暦の買米の引き受け高、約五六万両と、ほぼ同額になる。ただし、宝暦の買米では、出資者には現金の拠出が求められたのに対し、ここでは引き受け高と同額が実際に買持ちされたわけではなかった。したがって、金額の持つ意味が全く異なっている。事実、文化三年の買米に伴って、大坂金融市場が混乱したとの記録は確認できていない。この点は、これまでの研究では全く見落とされていた点である。

政策の効果

では政策が米価に与えた影響はいかなるものであったのだろうか。この時期になると日々の米価変動が確認できるので、まずは政策発動直後の値動きを微視的に確認する（図28）。空白は市場の休日であって欠損値ではない。

政策が発動された期間は一〇月一七日から始まる冬相場で、立物米は筑前米であった。その値動きを見ていくと、大坂で買米が発令される前、一〇月二一日から二二日にかけて上昇した後、一転して下落していたことが分かる。この間の動きについて、これまで本書で幾度か著作を参照した草間直方《くさまなおかた》（一七五三～一八三一）が興味深い観察を行っている。

なお、草間直方は、大坂の豪商、鴻池屋善右衛門の手代として活躍した後、別家を許さ

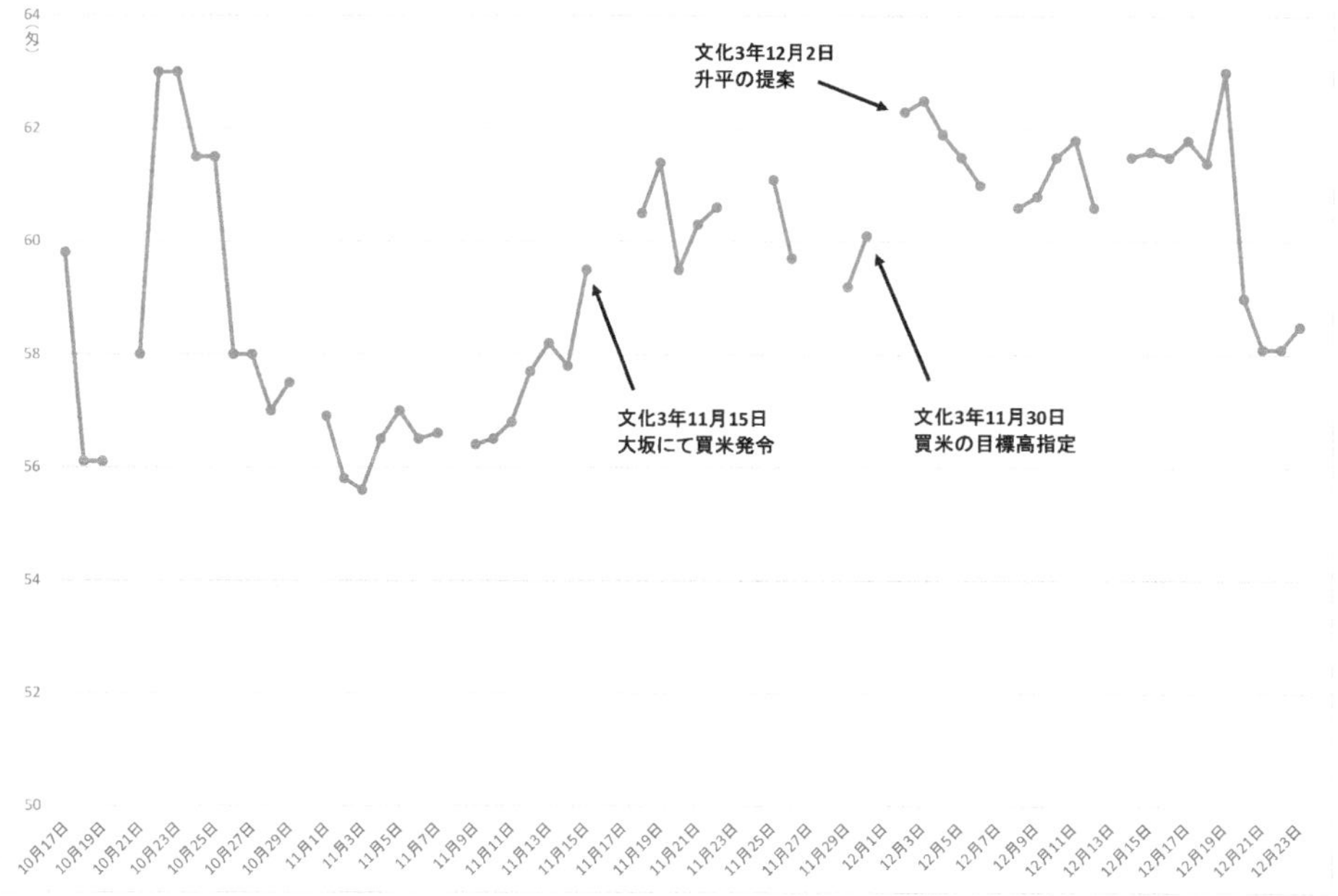

図28　文化3（1806）年買米令発動直後の大坂米価（筑前米）（出典）『自天明七年至明治四年大阪金銀米銭并為替日々相場表』

れて鴻池屋伊助を名乗り、対大名金融を生業としたが、「草間伊助筆記」や『三貨図彙』など、多数の著作を残したことでも知られる町人学者としての顔も持っている。

【現代語訳】

今回の買米を喜び、進んで買持ちを行った者もいた。これはかねてより米相場に従事していた者で、先日、江戸市中で買米令が発せられたため〔文化三年一〇月一四日〕、大坂でも必ず同様の買米令が出されると踏んで、価格が安い時に、具体的には一〇月中ごろ、広島米が五〇匁前後、筑前米が五五匁前後、肥後米が同程度の頃に買い占め、最近になって一石あたり六〜七匁も利益が出たように思われる。進んで買い入れれば、江戸幕府の趣意にも合致するのでお褒めを受け、相場も上昇して、いよいよ利得が増すので具合がよろしい。こうした人たちは減石を願い出ることもなく、江戸幕府より指示された石高を速やかにお引き受けした。人々はこれを誹謗《ひぼう》するが、ぬかりないやり方である。

【史料原文】

此度の買米を悦び、すすんで石数受け候者もまたこれあり、これは兼ねて内々米相庭にかかわりおり、先だって江戸表市中買米仰せつけられ候ことゆえ、決して大坂も仰せつけらるべく存じ含み、相庭下直の時、十月中頃、広島五拾匁前後、筑前五拾五匁前後、肥後同断、その頃買いしめ置き候ことゆえ、この頃に到りて、はや六、七匁も利徳相見え申し候ことゆえ、なおその上をすすんで買い入れ候えば、この度の御趣意にも叶い、御褒めにあい、相庭は自然と段々上り、いよいよ利徳相増し、勝手宜しきゆえ、これは減石の願いなく、仰せ渡さる高、すみやかに受け申され候、人々誹謗すれども、ぬかりなき仕形なり（「草間伊助筆記」）

これ以上の説明は要らないほど、具体的な描写である。確かに江戸で買米が発令された直後の大坂米切手価格はおおむね六〇匁を下回っており（図28）、大坂買米の前後で「六、七匁も利徳」があったとする草間の指摘には信が置ける。従来、買米令は大坂町人の不満を惹起し、円滑に進まなかったと理解されてきたが、家業と矛盾しない家、投機の材料として積極的に取り組む家もあったことを見落とすべきではない。

その後、買米の発令（一一月一五日）、買米の目標高指定（一一月三〇日）と続く中、米価は順調に上昇していったことが分かる。なお、年末には少し落ち込みを見せているものの、年明けには六〇匁台後半を回復しているため、総じて米価を上昇、ないし下支えしたと評価して差し支えないと思われる。

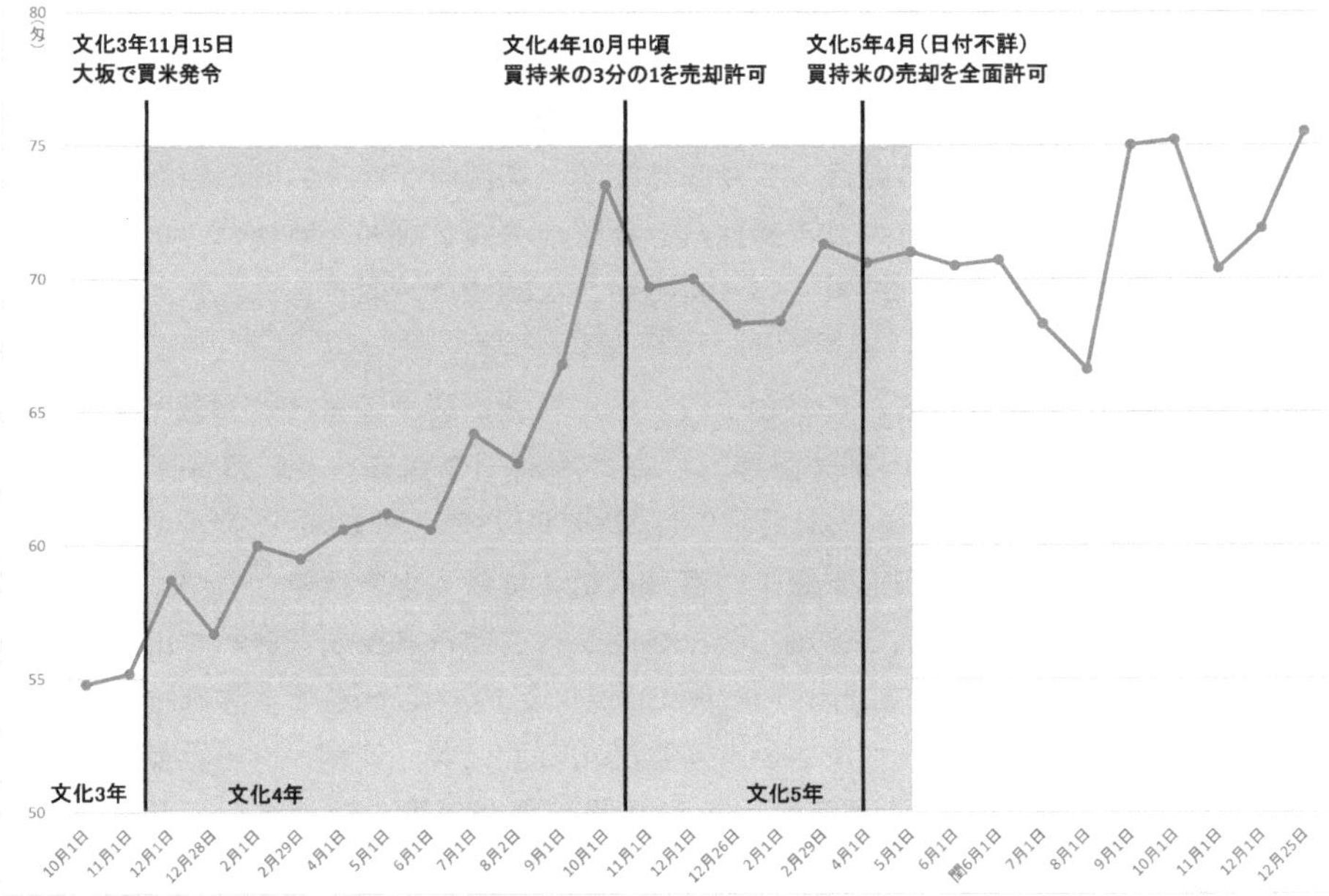

図29　文化3（1806）年～文化5年の月次大坂米価（肥後米）（出典）『近世後期における主要物価の動態〔増補改訂〕』

続いて中長期的な効果を確認するため、月次米価の推移を観察する（図29）。図中、グレーになっている部分が、政策発動期間である。遺憾ながら全面解除の日付が不明なのだが、政策期間中、米価は上昇、高位安定傾向にあったことが確認できる。

また、先に触れた通り、文化四（一八〇七）年の五月から六月にかけて、近畿を中心に水害が発生して米価が上昇に転じていたのだが、買米の解除によって、米価を落ち着かせたと評価することもできる。なお、右に指摘した観察結果は、統計学的にも支持されることを付言しておく（Shibamoto and Takatsuki［二〇一四］）。

買米の発令によって米価を下支えしつつ、畿内水害という外部からのショックを受けて、買米を解除して米価を落ち着かせる。江戸幕府にしてみれば、理想的に事が運んだと言える。

このように、米価に与えた影響という意味では、文化三年の大坂買米は成功であったと評価できる。しかも、宝暦の買米と異なって商家に対して現金の拠出を求めたわけではなく、金融逼塞が生じたという記録も確認できない。大坂で米切手を発行した大名は、政策によって財政上の恩恵を受けたと考えてよいだろう。また、買持ちをした家々は、買米の解除によって相当の売却益を得たであろうことも想像にかたくない。

しかし、負担が小さかったわけではなかった。当事者の一人として、草間伊助は次のように指摘する。

【現代語訳】

お引き受けした以上は、その石高に相当する代銀は、事実上、御用銀として上納したようなもので、いつ買米を命じられるか分からないので、誰もがそれを手元に抱え、厳重に保管することになる。そのため、この現銀を運用し、利子収入を得ることはできない。しかも来年も豊作が続き、米相場が上昇しなければ、引き受け高について、いよいよ買い入れなくてはならなくなり、もしそうなれば、ますます資金繰りが悪くなる。また再来年も解除されず、その後も豊作が続けば、無限に続くように思えてしまう。金融業者は、本来なら毎年受け取ることのできる利分を受け取ることができない。

【史料原文】

御受け申し上げ候うえは、その石数の代銀はまず御用銀にて、いつ知らず買い上げ仰せ付けられ候も計り難きゆえ、皆々手元に積み重ね、厳重に備え置き候ことゆえ、世間へ融通つかまつり、利徳付き申す儀これなく、尚又卯年〔文化四年〕も豊作打ち続き、相庭直段も上り申さざる時は、いよいよ買米仰せ付けられ高、買い入れ申さず候わでは相済み申さず、左候わば、益々銀廻り不繰り合わせに相成り、又辰年〔文化五年〕も御免これなき姿に相成り、已後豊作ならば、幾年とも限りなきように存ぜられ、金貸しを業に致し候者は年分の利徳これなく（「草間伊助筆記」）

ただちに買持ちを実施しなくてもよかったとはいえ、引き受けた数量を買持ちできるだけの現金は確保しておかねばならず、その機会費用（opportunity cost）が、ここでは問題とされている。結果から言えば、畿内を襲った洪水によって政策が解除されたが、もし洪水が発生していなければ、いつまで続くとも分からない政策のため、一定の現金が延々と「死蔵」されることにもなりかねなかった、というのが草間の見解である。

享保の買米や、宝暦の買米（御用金）のように、米切手の購入ないし現金の拠出がただちには求められなかったとはいえ、また、引き受け高の全てを買う必要がなかったとはいえ、それはあくまでも結果論であって、洪水などの災害が起きなければ、誰も得をしない状況に陥ることは十分にあり得たのである。

したがって、文化三（一八〇六）年の買米政策を手放しで評価することはできないが、江戸幕府がこの政策に行き着いた過程については、政策当局として、良く言えば成熟していく過程、悪く言えば老獪《ろうかい》になっていく過程を示すものであり、正当に評価すべきであろ

う と思う。

江戸幕府による学習過程

以上の分析により、「江戸幕府は市場経済に疎い」などという評価は、少なくとも一八世紀以降については、全く当てはまらないことが分かる。

享保期の買米から文化三年の買米に至るまで、江戸幕府の政策手法は決して一本槍ではなかった。米を食べてしまえと指示したり、米価に下限を設けたり、恫喝によって現金を集めて米市場に再投下したりと、あの手この手で米価を上げようと江戸幕府は試み、最終的には一定の数量の買持ちを約束させるという、巧妙な手法へとたどり着いた。そして畿内洪水という外生的な要因にも助けられつつ、金融市場への影響を最小限に抑えながら、米価の上昇を実現したのである。

実際に米を買うことを強制せず、「買持ちを致します」と約束させるだけで米価が上昇した理由は、いざとなれば江戸幕府の号令で実際に買わされると市場参加者が信じたからである。なぜか。おそらく宝暦の御用金の経験があったからである。宝暦の御用金という、言わば恐怖体験があったからこそ、文化三（一八〇六）年における買持ち指示が「信頼できる脅し（credible threat）」として市場参加者の期待を動かしたと考えられる（神戸大学・清水崇氏の教示による)。

五〇年近く前の政策を、文化三年当時の人々は記憶していたのかと疑問に思われる方もいるかもしれないが、ご心配には及ばない。江戸幕府側も、商人側も、過去の買米政策に関しては記録を持っており(特に商人側において綿密である)、交渉の過程で、過去の事例が引き合いに出されることもしばしばであった。

では江戸幕府は、買持ちを約束させるだけで米価が上昇することをどのように学んだのだろうか。これを升平の提案から学んだのか、それとも政策発動時点から意図していたのか、現時点では明確にできない。升平の提案を受けて、ただちに大坂町奉行所が褒めている(江戸表に確認をしていない)ことから、大坂町奉行所としては当初から全額を直ちに買持ちさせる意図はなかった、すなわち江戸表からもそのように指示されていたと考えるのが自然だが、この点は実証的に詰めていく必要がある。

また、文化三年以降に江戸幕府が実施した米価浮揚策との関連についても分析を進めなければならない。買持ちを約束させつつ、災害などによる米価上昇を待つ、という方法が、この後どのように活用されたのか。これらは、目下研究を進めているところである。

第一〇章　江戸時代の通信革命

「状屋」というビジネス

江戸幕府が米価の動向を注視し、その水準を一定の範囲に収めようとしたことは前章で見た通りだが、言うまでもなく、民間経済もまた、その動向を注視していた。米を取引する大規模市場は、大坂に限らず、大津、下関などにもあり、これらの地方米市場は大坂米価を参照しながら取引を行っていた。米切手取引市場はついに成立せず、米俵ベースの取引が行われた江戸においても、大坂米価の影響を受けながら取引が行われていたのだ。

このため、江戸時代の後期には、大坂の市況などを情報として整理し、書状にまとめることを生業とする商人が現れた。これを「状屋《じょうや》」と言い、幕末期の史料には次のようにある。

【現代語訳】

各地で取引を行っている米市場をはじめ、米商売に関わっている人々へ、日々の正米値段、帳合米値段、蔵屋敷よりの蔵物販売、米の蔵出し数量、そして大坂米市場の気配はもとより、他所・他国から集まってきた情報を伝達する。米商売に関わるあらゆる情報を書き記して書状にすることを渡世としているため状屋と言う。

【史料原文】

国々商いしている懸合浜《かけあいはま》はじめ、米懸りの向きへ、日々正米・帳合米の直段ならびに蔵々売りもの・出米高、その余り浜方の気配は元より、他所他国より申し来たる事を聞き合わして申し遣わす、すべて米商い一切の事を書き認めて、書状して渡世するにより状屋という（「考定　稲の穂」）

まさに経済新聞の役割を担っていたことが分かる。彼らがどのような情報網で「他所・他国」からの情報を仕入れていたのかは定かではないが、中央市場大坂にさまざまな情報が寄せられたであろうことは想像にかたくない。

また、大坂の米仲買も、地方在住の顧客（米商人）に対して、独自に情報を整理して提供していたことが分かっている。先に述べた通り、米仲買が取り組む売買の大半が顧客からの発注だったのだから、市況情報の提供は、そのまま注文を受けようとする営業活動であったと考えてよい。

大坂で形成された米価は、取引市場において毎日看板に掲示されたため（第五章、一一八頁）、誰もがこれを知ることができたが、大坂に来ることのできない人々にとっては、状屋や米仲買から取り寄せる情報が頼りだった。

大坂の市況を整理してまとめた書状は、当時「相場書《そうばがき》」ないし「相場状《そうばじょう》」と呼ばれ、地方商家や農家の家に保管され、現代に伝わるものも多い（加藤［二〇〇一］）。様式には差異があるが、おおむね、①主要銘柄の終値、②貨幣相場（金と銀の交換レートなど）、③市況（文章）などで構成されている。加賀米、肥後米といった主要銘柄の名称が、木版で捺されたものも確認でき、相当数が日常的に発行されていたことを示唆している。また、米仲買が顧客に対して送った相場状には、直近の市況や各国の豊凶などが詳しく書かれたものが散見される。

米飛脚の役割

こうした相場書を伝送したのが、米飛脚《こめびきゃく》と呼ばれた飛脚であった。当時、飛脚は書状の伝送をはじめ、荷物や現金の輸送も担うことがあったが、米飛脚は相場書の伝送に専門化し、伝送速度の速さを売りとした。このことは、彼らが「早飛脚《はやびきゃく》」を自称したことからもうかがえるが、これは彼らの走る速度が速かったということではなく、伝送間隔が短かったことによる。

江戸時代における飛脚の問題点として、その遅さが指摘されているが、ひとつには発送頻度の問題がある。飛脚は、書状や荷物を受け取り次第、ただちに出立するわけではなかったため、望みのタイミングで書状を発送するためには、追加料金を支払う必要があったのだ。

これに対して米飛脚は、毎日出立していた。さらに、追加料金を支払う顧客のために、一日に複数回出立することもあった。このことを、現存する米飛脚の引き札（チラシ）から確認してみたい（図30）。

年代は不詳だが、刷り物であることから、相当数が作成され、配布されたと考えられる。米飛脚間の競争があったことをうかがわせる。この引き札の差出人である堺屋記次郎《さかいやきじろう》と、その出店の堺屋佐兵衛《さへえ》は、大坂堂島の渡辺橋に店を構えている。渡辺橋は堂島米市場のすぐ西側に位置しており（七六頁、図4－2）、米飛脚が店を構える場としては都合が良かったものと思われる。

彼らに限らず、米飛脚の伝送範囲は、北は日本海沿岸の北陸地方、西は九州地方に及んでいたことが分かっているが、江戸を含む関東地方と東北地方（太平洋岸）は圏外だったようである。江戸・大坂間の伝送を担った大手飛脚問屋との競合を避けた可能性もあるが、その理由は定かではない。

彼らは自分たちを「米飛脚出所」とも「早飛脚所」とも表記している。こうした事例は

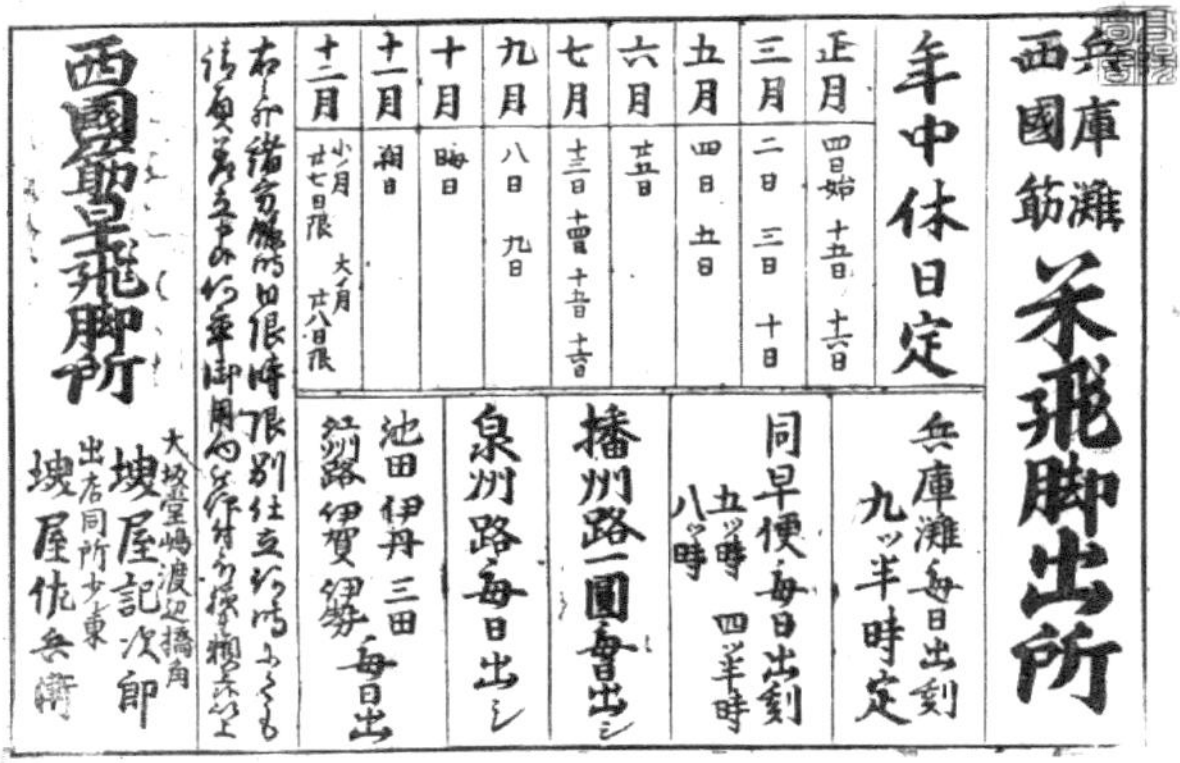

図30　米飛脚の引き札　（出典）「兵庫灘西国筋米飛脚出所年中休日定他」（公益財団法人三井文庫所蔵）

他の米飛脚でも見られる。つまり、米飛脚を名乗ることは速さを売りにすることでもあったのだ。また速さに関連して着目すべきは、引き札に示されている「毎日出シ」の文言である。

兵庫灘、播州路、泉州路、池田、伊丹、三田、江州路、伊賀、伊勢については、定められた休日とは独立に、毎日出すことを謳っている。書状、ないし荷物を受け取り次第、即座に出立するわけではなかった町飛脚とは顕著に異なっている。

明治三（一八七〇）年五月一〇日に駅逓《えきてい》権正《ごんのかみ》に就任した前島密《まえじまひそか》は、政府御用の仕立て飛脚の料金があまりに高いことに驚き、同月一九日には、民部・大蔵両省会議において、「仕立飛脚方改正」に着手し、東京から京都まで七二時間以内、大阪まで七八時間以内に到達する郵便を毎日差し立てるべく「新式郵便之仕法」を提案している（石井［一九九四］）。仕立てに依らずして、迅速かつ定期的に伝送が行われることは自明ではなかったのである。

これに対して、米飛脚の堺屋が「毎日出シ」を謳っていたとすれば、依頼者は追加料金を支払うことなく、定期的かつ頻繁に書状を送ることができたことになる。これこそが、米飛脚が早飛脚を自称した所以である。

さらに、図30から兵庫灘への出刻に着目すると、並便が出発するのは九つ半時（午後一時前後）、早便が出発するのは五つ時（午前八時前後）、四つ半時（午前一一時前後）、八つ時（午後二時前後）となっている。当然、この出立時刻には意味がある。

第五章で掲示した図19（一二三頁）と見比べて欲しい。「並便」の出立時刻は、堂島米市場における正米商いの終了時刻、「早便」が出立した三回は、それぞれ帳合米商いの開始時刻、正米商いの開始時刻、帳合米商いの終了時刻に対応していた。つまり、「並便」は正米商いの終値が確定した段階で発送され、「早便」は帳合米商いの始値、正米商いの始値、帳合米商いの終値が確定され次第、発送されていた。時々刻々と変化する米相場に関心を寄せる人々に、毎日、それも相場の節目で確実かつ定期的に出立して相場書を届けた米飛脚の姿が浮かび上がってくる。

米飛脚の速度

米飛脚の速さは、明治以降における官営郵便の成立過程からも裏づけることができる。我が国における近代的郵便制度は、前島密の主導によって成立したことはよく知られているが、同時に前島が民間の飛脚を信書伝送部門から締め出したことも知られている。明治四（一八七一）年三月一日に東京・大阪間の官営郵便が開通し、明治六（一八七三）年五月一日には民間飛脚問屋による手紙の伝送は禁止され、官営郵便による独占体制が成立する（石井［一九九四］）。しかし、この中にあっても米飛脚は例外とされた。

理由は速度である。奈良の商人から政府に出された陳情によれば、大阪で発送した次の日にしか奈良に届かない郵便制度では、商業上の妨げになると言うのである。大阪で出された郵便が、翌日に奈良に届くとすれば、現代の郵便と何ら変わりはないが、当時の商人にとって、翌日に届くような遅さでは困るというわけである。この結果、相場書の伝送に限って米飛脚の営業が認められた。民業を排除してでも官営郵便の確立を急いだ前島も、米飛脚の速度だけは認めざるを得なかったのである。

米飛脚の起源

米飛脚ではない一般の飛脚について、速度を巡る競争が激化したのが一八世紀前期から中期にかけてのこととされている（『社史　日本通運株式会社』）。定められた日にまとめて発送されるとはいえ、昼夜兼行で伝送する「早物」や、定められた日にかかわらず、即刻飛脚を出発せしめ、夜通し急送する「仕立状《したてじょう》継飛脚《つぎびきゃく》」といったサービスが江戸・大坂間で始まり、やがてこれら速報性の高い伝送業務が飛脚業者の中心的な収入源となっていった。

そしてこの速度競争が、一八世紀中期以降に、大坂以西の西国筋、あるいは北国筋（日本海沿岸地域）への相場報知へと波及し、米飛脚という業態が生まれたと推測することができる。西国筋、北国筋への伝送を請け負う早飛脚が、その主たる業務を相場状の伝送としたために、米飛脚を自称したものと考えられる。

米飛脚ないし相場飛脚が史料に現れる最も古い例が、天明年間（一七八一～八八）に「大阪通路相庭飛脚」として、堂島の相場報知を生業としていた西宮浜鞍掛町《にしのみやはまくらかけちょう》・松本屋《まつもとや》平八《へいはち》であることも（藤村［一九八四］）、右の推測を支持する。米飛脚・相場飛脚を自称する者たちが現れたのは、堂島米市場が公許を得てから一定の時間を経た、一八世紀中後期ごろと現時点では推測しておく。

旗振り通信の登場

速度を売りにした米飛脚ではあったが、米飛脚の早便でもなお飽き足らない者がいた。江戸時代において、そのニーズに応えたのが旗振り通信であった。

旗振り通信の起源について、伝承としては、江戸の豪商・紀伊国屋文左衛門《きのくにやぶんざえもん》が、色旗を用いて米相場伝達を行ったことに求められているが、史料上の初出は、宝永三（一七〇六）年の角屋与三次による挙手信号の事例である（柴田［二〇〇六］）。一八世紀の中ごろになると、旗振り通信によって大もうけする商人の話を紹介する書物も刊行されるようになり（杉本［二〇一四］、［二〇一五］）、庶民の間でもよく知られるようになっていたことをうかがわせる。

遅くとも一八世紀初頭には、視覚情報を利用した通信が行われ、同世紀中ごろには広く行われていたと推定されるが、その実態については断片的な史料からの復元か、近代以降の姿からの推測に頼らざるを得ない状況にある。その理由は、江戸幕府が旗振り通信を禁止したことによる。

安永四（一七七五）年閏一二月、大坂町奉行所は、大坂市中と摂津国・河内国の村々に宛てて触れを出し、「幟《のぼり》やその他さまざまな方法によって相場を他へ移すもの」を取り締まるとしている。触書の文面を読むと、禁令を出したのはこれが初めてではないことが分かるが、発端がいつかは不詳である。またその発端となった禁令が、江戸から出されたものなのか、あるいは大坂町奉行所が独自に出したものなのかは不明である。

手旗やその他の手段による通信を禁ずるお触れは、その後も安永六（一七七七）年、天明三（一七八三）年と立て続けに大坂で出されているが、ここで禁止対象とされている通信手段は、幟や旗に加えて、鳩の足に相場の高下を記した紙を括り付けるなど、時代を下るごとに多様化している。

旗振り通信が禁止された理由

江戸幕府が飛脚以外による相場伝達を禁止した理由について、筆者はこれまで確たる論拠に行き当たっていなかったが、本書執筆中に、神戸大学経済経営研究所・研究員の尾脇秀和氏の教示によって、興味深い処分事例を得た。

すなわち、文政二（一八一九）年に京都町奉行所が、大坂堂島米相場の高下を「相図《あいず》をもって」京都へ伝達し、不正な米取引を行った三名、その伝達に協力した一名、およびそのような伝達が行われることを知りながら、日吉町（現・京都市東山区）にある居宅の二階を貸し出した一名を、それぞれ処分していたことが明らかになった（「御仕置例類集（第三輯）九」より「不実商ひ幷致世話候類」、「御仕置例類集（第三輯）二十三 上」より「法式背之類」）。

本書ではこれまで触れてこなかったが、京都にも享保一三（一七二八）年に成立した「米売買会所」（六条河原新地にあったことから「六条新地米会所」とも）があった（尾脇［二〇一七〕)。京都には、江戸幕府の年貢米を払い下げることを目的に、享保二〇(一七三五)年に設立された「御用米会所」もあったが(稲吉〔二〇一三〕)、ここで相場が伝達されたのは前者の「米売買会所」であった。

ここで典拠となっている「御仕置例類集」とは、江戸幕府評定所(寺社奉行・江戸町奉行・勘定奉行によって構成された江戸幕府の最高司法機関)が編纂《へんさん》した刑事判例集であり、当時京都町奉行であった佐野康貞《さのやすさだ》が、この事件の処分方針について江戸の評定所に伺いを出したことから判例として記録されたことが分かる。

佐野からの問い合わせに対して、評定所は「不正な取引を行った発端と顚末が分からない」と、一旦は返答している。

これに対して佐野は、京都六条新地の米会所は、大坂堂島米相場に準じて取引を行う市場であり、堂島相場の高下を毎日「早飛脚」によって伝達を受けて取引を行うのが定法であったところ、この者たちは飛脚より先回りして相図によって堂島の米相場を内々に知っておきながら、売買を取り組んでいたことが問題であり、「他の米仲買たちの評判に関わる問題である」と返答している。

この返答を受けて江戸の評定所は、「余人の害」をなした、すなわち他者に迷惑をかけたことを認め、佐野の提案通り、首謀者三名の内、転法輪家《てんぽうりんけ》(三条家)の家来であった者を山城国よりの追放処分、残る二名の内、一名を洛中・洛外よりの追放処分（もう一人については処分不明）がそれぞれ妥当と返答し、実際にそのように刑が確定している。

もっとも、伝達用に居宅二階を貸し出した者について、佐野の提案は三〇日間の「押込《おしこめ》」（門を閉じ蟄居《ちっきょ》させ、外出を禁ずる刑罰）処分であったが、評定所は、この者は「席料」を受け取ったわけでもないので、より軽い処分である罰金刑が妥当であるとし、銭三貫文の「過料」支払いが命じられる結果となった。

ここで問うべきは、正規の飛脚便よりもはやく「相図」をもって相場を伝達することの何が問題とされているかである。京都町奉行・佐野は、他の米仲買たちの評判に悪影響を与えるものであるからとし、それを江戸の評定所も受け入れている。

公平・公正の取引が行われるはずの市場において、取引を取り次ぐ米仲買人たちが、大坂の米相場で暴落が起きていることを知りながら、素知らぬ顔で顧客の買い注文を取り次ぎつつ、自分は背後で売り注文を盛んに出していたらどうだろうか。こうした米仲買が一軒でもいることが分かれば、市場にいる米仲買の全てに疑いの目が向けられてしまう。このことを佐野は問題視しているのである。

以上を総合すると、京都の米会所では、堂島より出立する早飛脚からの情報を公的な伝達経路とし、これを出し抜いて取引を行うことは、不正とみなされていたことが分かる。

現代において、例えば海外の証券取引所の株価を他者よりも早く仕入れて、いち早く他の取引市場での取引に活用することは違法ではないし、今もこのスピード競争が熾烈に繰り広げられている（マイケル・ルイス［二〇一四］）。江戸時代の場合は「飛脚便の情報を元に取引を行う」というルールを逸脱することが問題とされている。つまり、それ以上に速い情報伝達手段は不正であり、その必要を認めないというのが江戸幕府の考え方であった。

このことを技術進歩に歯止めをかけた保守的な対応と見なすか、必要以上の競争に歯止めをかけた理性的な対応と見なすかは読者諸賢においても意見の分かれるところだろう。

旗振り通信の「証拠」

先に見たように、大坂町奉行所は禁令を繰り返し出していた。禁令の文言の変化から、幟が駄目なら次は鳩と、したたかに規制をかいくぐって相場伝達が続けられていたことがうかがえるが、その実態を示す史料は残されていない。禁止行為であったがゆえか、まとまった記録が残されておらず、江戸時代の旗振り通信は「声はすれども姿は見えず」という状態にある。

しかし、少なくとも大坂と京都、そして大坂と大津の間では、実際に行われていたことを裏づける証拠が残されている。京都については先に紹介した通りである。大津については、三つの証拠がある。第一の証拠は、天明元（一七八一）年四月、大津の米市場の頭取から、園城寺《おんじようじ》（滋賀県大津市）に宛てて、寺が領有する山に「気色見《けしきみ》」を設置させて欲しいと願っていることである。ここで「気色見」とあるのは、明らかに相場伝達のための中継地点（後述）が想定されており、禁令を念頭に、曖昧な表現を使ったものと思われる。

第二の証拠は、大津郊外の蒲生郡鏡村（現・蒲生郡竜王町）の農家、玉尾家に伝わった相場帳「万相場日記」である。これは、宝暦五（一七五五）年から幕末に至るまで、玉尾家が五代にわたって大坂と大津の相場情報を記録した日記である。途中欠損年もあるが、これは記録が中断されたというより、何らかの理由で伝来していないと考えるべきである。

この日記には文政一〇（一八二七）年に至るまで、「登り状」、「飛脚」など、飛脚が伝えた情報を転記したことをうかがわせる記述は見られるものの、それ以外の伝達方法を示唆するような記述はない。一方、一八四〇年代に入ると、「大坂カスミ不参《まいらず》」、「大坂曇り不参」、「大坂曇天不分《わからず》」などの注記がなされた上で、これらの日の大坂相場が空欄になっている例が散見される。

米飛脚による相場書の伝送であれば、雨天はともかく、曇天や霞《かすみ》は問題とならないはずである。明治末期に旗振り通信に従事した者が「モヤの日は見通しがきかなかった。少々の雨降りでもふりました。かすんで見えぬ時は電報でやるか、晴れるのを待ってかためて一時に旗をふった」と述懐していることも参考になる（近畿電気通信局経営調査室［一九七六］）。

「万相場日記」において、雨天、曇天などで大坂相場が空欄になっている場合には、翌日の欄に「飛脚状」などと注記した上で、前日の相場が記載されている。この点から考えても、近代以降における電報と旗振り通信の補完関係のように、雨天・曇天時には、飛脚による相場書伝送がこれを補ったものと考えるべきであろう。

第三の証拠は、大坂米価と大津米価の挙動である。「万相場日記」には、一八世紀末から幕末にかけて、堂島米市場と大津御用米会所の日々の終値が記録されている。このデータを用いて筆者が検証した結果、一八四〇年代より前、すなわち旗振り通信導入前の大津米価は、大坂米価に一営業日遅れて追随する関係にあったが、一八四〇年代以降については、同営業日中に大坂米価に追随していたことが統計的に有意な結果として確認された。

残念ながら「万相場日記」は文政一一（一八二八）年から天保一〇（一八三九）年まで欠落しており、この変化がいつ生じたのかを検証することができないのだが、この空白期間を境として、大津市場と大坂市場の関係が変化したことは確かである。

以上の証拠から、「声はすれども姿は見えず」であった江戸時代の旗振り通信は、少なくとも大坂・京都間、大坂・大津間では実際に行われており、相場形成にも影響を与えていたと結論づけることができる。

旗振り通信の技術

これまで見てきたように、禁令を受けながらも、一八世紀中期以降、視覚情報を用いた通信は試みられ、一九世紀には農民が利用するまでに普及していた。残念ながら、江戸時代における具体的な通信技術は記録されていないのだが、明治以降のそれから推測することは可能である。

そこで以下では、明治四二（一九〇九）年に、大阪市役所が行った調査（「旗振信号の沿革及仕方 附、伝書鳩の事」）を基礎としつつ、近代以降における旗振り通信の具体的な方法について紹介するが、本書は旗振り通信業者を育成するための書ではないので、概略を紹介するにとどめる。より詳しい解説は拙著［二〇一二］、あるいは拙稿［二〇一七］を参照されたい。

なお、大正三（一九一四）年一二月に施行された「予約取引所電話規則」によって市外電話の予約が可能となったことが、大阪において手旗通信が電話に取って代わられる画期になっており（柴田［二〇〇六］）、大阪市役所が行った明治四二年の調査は、旗振り通信の最末期における姿を示したものと言える。

旗振り通信に用いられた旗には、大旗（約九一〇×一六六六㎜）と小旗（約六〇六×一〇六〇㎜）とがあり、天気が良い時は小旗、曇天の時は大旗を用いたという。また山上にある中継点では黒旗を、低地にある中継点では白旗を用いたという。

旗振り通信研究の第一人者、柴田昭彦が明治期に利用された旗振り場の間隔を実測したところによれば、一里（約四キロメートル）から五里半（約二二キロメートル）、平均すれば三里（約一二キロメートル）であり、伝承されている大阪・地方都市間の通信所用時間と、旗振り場の平均的な間隔からすれば、送信一回の所要時間は約一分、通信速度は平均時速七二〇キロメートルとなる（柴田［二〇〇六］）。送信の頻度については地域差があったが、一日に五〜一〇回が平均的とされている。

続いて具体的な送信方法を、一四円三五銭という数値を送信することを例に説明する。ここで重要なのは、「一四」と「三五」に対応する「合い印」が事前に定められていたことである。ここでは「一四」は「五」、「三五」は「四一」という合い印とそれぞれ対応することが事前に共有されていたとしよう。

発信者は、開始の合図として旗を中央直線に振り下ろし、右側に一回、左に四回振って「一四」を表現する。そして旗を右側にひるがえした後、また左に五回振って、合い印の「五」を表現する。これを次の中継点から望遠鏡で目視した受信者は、送信された数字が

「一四」であることを確認する。発信者は続いて右に三回、左に五回振って、また旗を右に戻し、合い印の「四一」を表現するために、右に四回、左に一回振る。もし発信者が異なる合い印を送った場合には、受信者が問い返したという。

同じ原理によって、文字情報や地名についても、あらかじめ共有している信号表によって数値化して送信されたと伝わる。また、送信内容を暗号化して盗用を防ぐ工夫もあった。これは「台付」と呼ばれ、発信者と最終受信者のみが共有する法則（毎月変更）によって、数字に変更を加える操作である。例えば、今月は送信した数字に七銭を加算した数字を真の値とする、といった具合に数字に変更を加え、中継者には実際の数値が分からないようにする工夫であり、現代の共通鍵暗号と発想を同じくするものである。

大坂からの通信時間は、和歌山が三分、京都が四分、神戸が七分、桑名が一〇分、岡山が一五分、広島が四〇分弱であったとされる（柴田［二〇〇六］）。通信の平均時速が七二〇キロメートルであったことを考えれば、当然の通信時間だが、分数で表現すると、その速度が生々しく伝わってくる。電信・電話が普及した後も、大正時代まで旗振り通信が盛んに利用されたという事実は驚くに値しないのである。

右に示した明治時代末期の通信技術が、どの程度、江戸時代の旗振り通信技術に近似しているかは定かではないが、さほど大きくずれてはいないのではないかと考える。もっと

図31　『風俗画報』1898年9月10日、172号「大津追分其二　相場旗振り並に官林巡邏の図」国立国会図書館デジタルコレクション

も、望遠鏡の倍率に限界があった江戸時代にあっては、より長い時間を要したものと推定される。

相場情報の活用事例

先に紹介した通り、大津郊外に居住した玉尾家では旗振り通信によって大坂相場の報知を受けていた形跡があるが、同時に米飛脚も利用していた。玉尾家では、米飛脚に支払った賃銭を記録している時期があり（一八〇〇～六六年）、それによると、一通あたり平均して一〇・三文を支払っている（当時、盛り蕎麦は一杯二四文）。残念と言うべきか、弘化二（一八四五）年以降は、飛脚賃銭に定額制が導入されたため、玉尾家の受信件数が分からなくなる。玉尾家の記録には「賃銭半季に銭四百文定め」とある(「作徳覚」)。

精力的に相場情報を収集した玉尾家であるが、それを有効に活用していたことを示す事例として、文政一一(一八二八)年七月から八月にかけての動向を紹介する(以下、旧暦に従う)。

七月一一日、九州、中国地方の不作を伝える書状が豊前国・小倉より大坂に発せられ、それが玉尾家の日記に七月一八日付で転載されている(『近江国鏡村玉尾家永代帳』)。同年八月には、九州、中国地方に甚大な被害をもたらしたシーボルト台風(八月九日に上陸)について記載がある。このことを玉尾家に知らせた大坂米商は、八月一三日の午後二時前後に第一報が大坂に伝わったとしており、玉尾家にこれが伝わったのは、おそらく翌一四日か、遅くても一五日と考えられる。

この間、玉尾家では積極的な米の買付けを行っている。まず七月一七日から八月八日にかけて、大津米市場において合計四九〇〇俵の米を、一石あたり約六七匁で買っている。そして八月二二日より一転して売りに出て、一石あたり約七八匁で売りさばいている。九州、中国地方の不作予想を受けて米の買持ちを進め、シーボルト台風の被害も相まって、大きな利潤を獲得したことになる。情報のアンテナを張っていたことが功を奏したと言えるだろう。

「速度」が求められた時代

毎日、それも決まった時刻に飛脚が出立することが求められたほど、そして旗振り通信が利用されるほど、江戸時代の相場情報伝達に求められる速報性は高まっていた。玉尾家がそうであったように、米市場で投機的利益を得ようと思うならば、一刻も早く情報を仕入れ、状況の変化に対して機敏に反応する用意がなくてはならなかった。こうした競争が繰り広げられていくなかで、大津米市場が中央市場・大坂の米相場を反映するのに、一営業日すら必要としないほどの伝達速度が実現したのである。

ではこの変化をもたらした原動力とは何だったのだろうか。少なくとも為政者の側に、これほどの速度を希求するインセンティブは存在しない。むしろ否定的であった。やはり民間、それも投機筋に求めるのが妥当ではないだろうか。

江戸時代中期以降になると、米相場、とりわけ帳合米商いで勝負する上でのテクニックを解説する書籍も盛んに出版されており、旺盛な投機意欲の存在を示唆している（拙稿［二〇一三（C）］）。堂島米市場の米仲買は、自己勘定取引を行うこともあったとはいえ、売買の八～九割が、大坂を含む諸国からの注文による売買であったことも、旺盛な投機意欲を裏付けている（第五章、一一四頁）。

当時、最大の取引市場は大坂米市場であったが、米の取引市場は全国に分布していた。大津米市場や下関米市場のように、先物取引を併設する市場も存在した（拙稿［二〇一三（A）］）。こうした地方米市場で取引を行う、玉尾家のような投機筋が、大坂米価に関する情報、それもできるだけ鮮度の高い情報を求めたのだろう。このことは米価の地域間連動が高かったという事実によって裏付けられる（宮本［一九八八］）。

現代に暮らすわれわれがそうであるように、通信速度の希求は不可逆的なものである。飛脚が遅いとして米飛脚が生まれ、並便では遅いとして早便が生まれ、早便でも遅いと旗振り通信が生まれる。江戸幕府が押しとどめようとしても、この流れは決して止まらなかった。

ではなぜ投機熱が広がったのだろうか。ひとつの手がかりを玉尾家が提供してくれる。玉尾家が記録した私用・公用日記である『永代帳』には、同家が本格的に米相場に手を出す以前、宝暦九（一七五九）年の農業経営について次のようにある。すなわち、この年は「大豊年」で、手作地からの総収量は一五八俵で、貢租米（二七俵）、人件費（二〇俵）、肥料代（四八俵）、その他諸経費（一七俵）を引くと、残りは四六俵となり、「飯米には足りかね申し候」としている（『近江国鏡村玉尾家永代帳』）。

大豊年でありながら飯米を満たすことすらできない状態を「恐るべし」と歎きつつ、飯米以外の必要経費（家雑用）については「商いにてもうくべし」とも記している。まさにこの後、玉尾家は農業経営から米相場での投機に目を向けるようになるのだが（拙稿［二〇一三（B）］）、農業経営の行き詰まりから、米投機に手を出した農家は、この玉尾家の他にも見出せるのではないだろうか。

右の事情が玉尾家に固有のものではないとするならば、相場情報を受け取っていた層を分析することが重要な研究課題となるだろう。また、そうした層が江戸時代において培《つちか》っていた、少しでも鮮度の高い情報を得ようとする姿勢が、明治以降の工業化に際してどのように活かされたのかについても、検証していかなければならないだろう。

おわりに

繁栄を極めた堂島米市場も、幕末から明治初年にかけては、政情の不安定も手伝って投機市場化が著しく、満期日に正米価格と帳合米価格が一致しない現象、すなわち「鞘開き」が頻発してしまう。満期日になって鞘が開かないように、帳合米商いにおいて現物決済（米切手の受け渡しによる決済）を例外的に認めていたとはいえ（第五章、一四四頁）、もはやその程度の「へその緒」では、「鞘開き」を防ぐことはできなかったのである。

そしてついに明治二（一八六九）年、堂島における帳合米商いは停止処分を受けることになる。明治四年四月に、再興願いが明治新政府に聞き届けられ、堂島米会所として再スタートを切るが、そこでは満期日における現物、しかも米俵の受け渡しが例外なく義務づけられる、いわゆる商品先物取引が行われることになった。満期日に「鞘開き」が生じようのない商品先物取引を行うことが、再興が認められた要件であったと言ってよい。

これにより、満期日において現物の受け渡しを想定せず、立物米という指数を帳簿上だけで取引する先物市場は、明治二年にその命脈を絶たれる形となった。一〇〇年以上の時を経て、一九八八年に日経２２５先物、ＴＯＰＩＸ先物の取引が開始されるまで、指数を対象とする先物取引は我が国金融市場の表舞台から姿を消していたのである。

それだけ先鋭的な取引を行っていたのが、江戸時代の堂島米市場であったということになるかもしれないが、本書の主題は、江戸時代の市場経済が先進的であったと鼓吹することにはない。江戸時代の人々、とりわけ市場を監督する立場にあった江戸幕府が、市場経済とどのように向き合ったのかを観察することが主題であった。

本書の観察結果を一言でまとめるならば、江戸幕府は市場経済を手の中に収めようとしていた、ということに尽きる。享保一五（一七三〇）年に、堂島米市場における米切手取引およびその先物取引を勝手に行ってよいと認めた際に用いた「畢竟《ひっきょう》米相場宜《よろ》しくなり候ため」、すなわち「全ては米相場が望ましい状態になるためである」という表現が全てを言い表しているように思う。

堂島米市場は、米相場を望ましい水準に維持するために存在するのであり、その目的から逸脱するならば廃止・停止も辞さないというのが江戸幕府の姿勢であった。逆の見方をすれば、この目的に適合する限りにおいては、堂島米市場における取引秩序を守っていたとも言える。

再びコンサートチケットの転売問題に話を戻そう。有名アーティストのコンサートチケットが、インターネットオークションなどを通じて転売され、価格がつり上がる。コンサートに行く気もない人たちのせいで、本当にコンサートに行きたい人が不当に高い価格を支払わされるのはおかしい、そう非難する人もいれば、資本主義経済の下では当然の行為だとして問題視しない人もいる。事実、チケット転売を仲介する業者の間では、「売り手と買い手が納得しているのに、行政や警察が介入すべきではない」との声も根強いという（二〇一八年二月三日付、日本経済新聞電子版「チケット転売規制に穴」）。

泣くほどに高いチケット（米切手）を買わされる人がいるとしても、それはそれで双方合意の上で成り立った取引であるから問題ない、などという主張は、江戸幕府には断じて容認できないものであったと思われる。市場経済の原理なるものは、目的に適合する限りにおいて容認・保護されるべきものであり、それ自体として尊重されるべきものではない、というのが江戸幕府の立場であった。

ここにわれわれが学ぶべき点があるように思う。複雑なデリバティブ取引も、証券取引も、全てはわれわれの生活が「宜しくなり候ため」にある。この目的から外れるならば、市場原理なるものを金科玉条のようにおしいただく必要はない。

どうすれば、われわれの生活がよろしくなるのか。そもそもよろしい生活とは何か。そのために市場経済をどのように利用すべきか。江戸幕府が必ずしもうまくいっていたわけではないし、所詮は幕藩体制の存続こそが全てであり、人々の生活などは二の次であったかもしれない。しかし、市場との対話を繰り返すなかで答えを見出そうとした江戸幕府の姿勢には、学ぶべき点も多々あるように思うのだ。

最後に筆を滑らせておきたい。目下、筆者は江戸時代の経験や知識が、いかにして明治以降に引き継がれたのか、あるいは引き継がれなかったのかに関心を持っている。明治以降、「進んだ」西洋文明、「進んだ」経済学の導入により、江戸幕府の経験、堂島米市場の経験は後景に退いてしまったのだろうか。あるいは明治政府、日本銀行の金融政策に継承されたのであろうか。株式取引所に継承されたのだろうか。

これについて、悲観的な論拠を挙げるのは比較的容易である。例えば、ドイツの医学者で、東京帝国大学医学部に二六年間にわたって在任したベルツ（一八四九～一九一三）は、来日して間もない一八七六年一〇月に、次のように書いている。

現代の日本人は自分自身の過去については、もう何も知りたくはないのです。それどころか、教養ある人たちはそれを恥じてさえいます。「いや、何もかもすっかり野蛮なものでした〔言葉そのまま！〕」とわたしに言明したものがあるかと思うと、またあるものは、わたしが日本の歴史について質問したとき、きっぱりと「われわれには歴史はありません、われわれの歴史は今からやっと始まるのです」と断言しました。なかには、そんな質問に戸惑いの苦笑をうかべていましたが、わたしが本心から興味をもっていることに気がついて、ようやく態度を改めるものもありました。

こんな現象はもちろん今日では、昨日の事がらいっさいに対する最も急激な反動からくるのであることはわかりますが、しかし、日々の交際でひどく人の気持を不快にする現象です。それに、その国土の人たちが固有の文化をかように軽視すれば、かえって外人のあいだで信望を博することにもなりません。これら新日本の人々にとっては常に、自己の古い文化の真に合理的なものよりも、どんなに不合理でも新しい制度をほめてもらう方が、はるかに大きい関心事なのです。(『ベルツの日記』岩波文庫、一九七九年、四七－四八頁)

ベルツの観察が的を射ているとすれば、堂島米市場という達成や、江戸幕府による巧妙な米価維持策などは、西欧の文明、西欧の経済学をいち早く摂取し、富国強兵によって植民地化の危機を跳ね返そうとする明治日本人によって、顧みる必要のない過去とされてしまった可能性は十分にある。

しかし一方で、明治日本がアジアでは突出した速度で工業化を遂げた背景に、江戸時代において培った経験が全くなかったとも考えがたい。

江戸時代の金融市場において培われた経験が、明治期の工業化といかに関わるのか。筆者は今後もこの問いに向き合って研究を続けていきたいと思っているし、読者諸賢においても江戸時代の経験を見つめ直して欲しいと思っている。

われわれ現代日本人は、「教養ある」明治日本人のように江戸時代の経験を恥じる（あるいは恥じているように見せる）必要はない。同時に、「日本の江戸時代とは先進的だったのだ」と海外の人々に威張り散らす必要もない。ベルツの言うように、「自己の古い文化の真に合理的なもの」を冷静に見つめることが大事なのではないだろうか。

あとがき

名古屋大学出版会から刊行された拙著（『近世米市場の形成と展開』）をもとに、新書を執筆してみないかと、講談社の山崎比呂志氏が持ちかけて下さったのは二〇一二年の夏であった。二〇一二年末には原稿を納める約束であったが、実現したのは二〇一八年の春と、破談になってもおかしくない状況であった。

その間、急かすことなく気長に待って下さった上、適切な助言を下さった山崎氏、そして、良い意味で「筆者のことを一切信用しない」厳密な校正によって、いくつものミスを未然に防いで下さった校閲スタッフの方々に深謝したい。

ご迷惑をかけたことを棚に上げて述べるならば、右の拙著では触れられなかった点を取り込んだり、実証的に詰めきれていなかった点について、多少なりとも補強したりする時間が生まれたので、かえって良かったのではないかと思っている。また、奇しくも日経225先物、ＴＯＰＩＸ先物の上場三〇周年という節目の年に本書が刊行されることになったことも、何かの縁かもしれないと思っている。

筆者の遅い筆がまがりなりにも進むようになったのは、経済史という学問を志す学生が少ないと実感したからである。研究者を目指す学生はおろか、学部ないし修士課程で卒業し、就職をする学生についても、経済史を専攻する学生はいよいよ少ない。歴史を学んでも、就職活動上、有利に働かないという判断があるのかもしれない。

経済学と歴史学の分析手法の双方を採り入れて歴史的事実の解明を進める経済史学は、他の分野にも決して負けない魅力的な学問であると筆者は考えている。事実、経済学や金融・ファイナンス論の知見を駆使しなければ、本書を書くことはできなかった。

空米切手の問題については、ミクロ経済学の分析視角が有効であり、米価浮揚策については、マクロ経済学（特に金融政策論）の分析視角が有効である。そして何よりも、堂島米市場の取引制度を理解するためには、金融・ファイナンス論の知見が不可欠である。このように、経済史を学ぶことは、必然的に経済学を使って物事を考えるトレーニングを積むことになるのだから、きわめて実践的な学問であると言える。

しかし、数学から逃れることのできない経済学の勉強と、くずし字を含む歴史的資料の解読から逃れることのできない歴史学の勉強を同時並行で行う意欲的な学生など、そうそういるものではない。この「参入障壁」を乗り越えるのに見合ったインセンティブを付与するには、研究論文を書き続けるだけでは十分でないことに気がついた。「経済史研究は複合領域だからこそ面白い」ということをわかりやすく、具体的に示さねばならないと思った。

本書がその役割を果たせたかは、これから経済史学を志す学生の数によって示されるだろう。本書をよく読んで頂ければ、江戸時代の市場経済には、解明すべき点が数多く残されていることに気がつくはずである。また、このシステムがいかに明治期以降に引き継がれ、また失われたのかを考える必要があることに気がつくはずである。意欲的な学生との出会いを心待ちにしている。

最後に、本書の内容を構成する研究を行うに際してお世話になった方々、各史料所蔵機関の方々に深謝したい。とりわけ綿密なご指導とご支援を賜った森平爽一郎先生、中林真幸先生、宮本又郎先生、賀川隆行先生、藤田覚先生、上東貴志先生、白川方明先生、そして家族に御礼を申し上げたい。

また、江戸時代経済に関する実証研究で協業している最中の同僚、柴本昌彦先生に格別の御礼を申し述べたい。本書第九章の議論の内、江戸幕府の政策学習過程については、柴本先生との共同研究の中で見出されたものであった。それを本書に取り込むことをご快諾下さり、本書に対して数々の建設的なご助言を頂戴したことに心より感謝したい。

この他、本書の見解の多くが、筆者の独創ではなく、右の方々からの直接・間接にわたる教示に依るものであることを強調しておきたい。無論、あり得べき誤謬は全て筆者に帰属する。

〔付記〕

本書を構成する上で土台となった研究は、以下の研究助成を受けて遂行したものである。ＪＳＰＳ科研費・16H03645、26380436、25285100、23530408、22830024、08J10163。公益財団法人日本証券奨学財団研究調査助成金。公益財団法人村田学術振興財団助成金。公益財団法人清明会助成金。財団法人松下国際財団（現・財団法人松下幸之助記念財団）研究助成。ここに明記して深謝する。

参考文献一覧

【本書を通じて参照した研究文献】

岩橋勝『近世日本物価史の研究――近世米価の構造と変動』大原新生社、一九八一年。

佐古慶三『佐賀藩蔵屋敷払米制度』大阪史学会、一九二七年。

牧原成征・高槻泰郎・柴本昌彦「農業金融の矛盾と公債市場の安定」深尾京司・中村尚史・中林真幸編『岩波講座 日本経済の歴史 第2巻 近世 16世紀末から19世紀前半』岩波書店、二〇一七年、一〇五－一四七頁。

島本得一『徳川時代の証券市場の研究』産業経済社、一九五三年。

島本得一『蔵米切手の基礎的研究』産業経済社、一九六〇年。

須々木庄平『堂島米市場史』日本評論社、一九四〇年。

鶴岡実枝子「一八世紀以降の大名金融市場としての堂島――借銀担保の米切手をめぐって」『史料館研究紀要』第二号、一九六九年。

中井信彦『転換期幕藩制の研究――宝暦・天明期の経済政策と商品流通』塙書房、一九七一年。

藤田覚『田沼意次――御不審を蒙ること、身に覚えなし』ミネルヴァ書房、二〇〇七年。

宮本又郎『近世日本の市場経済――大坂米市場分析』有斐閣、一九八八年。

高槻泰郎『近世米市場の形成と展開――幕府司法と堂島米会所の発展』名古屋大学出版会、二〇一二年。

高槻泰郎「江戸幕府米価浮揚策の研究――文化三年大坂買米を中心に」『三井文庫論叢』第四六号、二〇一二年、七五－一三〇頁。

高槻泰郎「近世大坂米市場を支えた人々」『日経研月報』第四一五号、二〇一三年（A）、二六－三一頁。

高槻泰郎「財市場と証券市場の共進化――近世期地方米市場と土地市場の動態」中林真幸編『日本経済の長

い近代化――統治と市場、そして組織 1600-1970』名古屋大学出版会、二〇一三年(B)、四六‐七七頁。

高槻泰郎「近世日本の相場指南書――大坂米市場を素材として」『国民経済雑誌』第二〇八巻第五号、二〇一三年(C)、六五‐七九頁。

高槻泰郎「近世期市場経済の中の熊本藩――宝暦改革期を中心に」稲葉継陽・今村直樹編『日本近世の領国地域社会――熊本藩政の成立・改革・展開』吉川弘文館、二〇一五年、七九‐一一〇頁。

高槻泰郎「近世の米取引を支えた商秩序――江州水口小豆屋又兵衛一件を素材に」青柳周一・東幸代・岩崎奈緒子・母利美和編『江戸時代近江の商いと暮らし――湖国の歴史資料を読む』サンライズ出版、二〇一六年(A)、一五五‐一七八頁。

高槻泰郎「近世大坂米価の再検討――「米年度」概念の提起」『経済史研究』第一九号、二〇一六年(B)、二五‐三九頁。

高槻泰郎「近世日本における相場情報の通信技術」『電子情報通信学会誌』第一〇〇巻第九号、二〇一七年、九八七‐九九一頁。

【本書を通じて参照した活字翻刻史料】

大阪市参事会編『大阪市史 第二』大阪市参事会、一九一四年。

大阪市参事会編『大阪市史 第三』大阪市参事会、一九一一年。

大阪市参事会編『大阪市史 第四 上』大阪市参事会、一九一二年。

大阪市史編纂所編『大阪市史史料 第十二輯 堂島米会所記録』大阪市史料調査会、一九八四年。

大阪市立中央図書館市史編集室編『大阪編年史 第八巻』大阪市立中央図書館、一九七〇年。

大阪市立中央図書館市史編集室編『大阪編年史 第十巻』大阪市立中央図書館、一九七〇年。

大阪府史編集室編『大阪府布令集 第一』大阪府、一九七一年。

国立史料館編『近江国鏡村玉尾家永代帳』東京大学出版会、一九八八年。

草間直方「草間伊助筆記」（大阪市参事会編『大阪市史 第五』大阪市参事会、一九一一年）。

高柳眞三・石井良助編『御触書寛保集成』岩波書店、一九三四年。

中井竹山『草茅危言 五巻』懐徳堂記念会、一九四二年。

北越逸民撰「八木のはなし」岸上操編『近古文芸温知叢書 第十二編』博文館、一八九一年。

三井家編纂室編『自天明七年至明治四年大阪金銀米銭并為替日々相場表』三井家編纂室、一九一六年。

室谷鉄腸「浜方記録」本庄栄治郎 等編『近世社会経済叢書 第二巻』改造社、一九二六年。

浜松歌国編「摂陽見聞筆拍子」国書刊行会編『新燕石十種 第五』国書刊行会、一九一三年、四一四－四九五頁。

山片蟠桃「夢之代」（末中哲夫『山片蟠桃の研究「夢之代」篇』清文堂出版、一九七一年）。

「大坂米売買之大意」（『古事類苑 産業部二』吉川弘文館、一九九八年）。

「考定 稲の穂」（島本得一編『堂島米会所文献集――世界最古の証券市場文献』所書店、一九七〇年）。

「難波の春」（島本得一編『堂島米会所文献集――世界最古の証券市場文献』所書店、一九七〇年）。

【本書を通じ直接引用した史料】

暁鐘成「浪華の賑ひ 三篇」（武庫川女子大学学術成果コレクション）。

大玄子「商家秘録」（神戸大学附属図書館所蔵）。

東白「米穀売買出世車図式」（神戸大学附属図書館所蔵）。

「御仕置例類集 甲類（第一輯）十下」（国立国会図書館デジタルコレクション）。

「御仕置例類集（第三輯）九」（国立国会図書館デジタルコレクション）。

「御仕置例類集（第三輯）二十三上」（国立国会図書館デジタルコレクション）。

「大坂表ニ而買持米被仰付候一件往返通達之写」（公益財団法人三井文庫、続一五一三－二）。

「大元方勘定目録」（公益財団法人三井文庫、続三〇三八－一）。

「覚帳」公益財団法人永青文庫所蔵、熊本大学附属図書館寄託「細川家文書」、文四・一・五。

「覚帳」公益財団法人永青文庫所蔵、熊本大学附属図書館寄託「細川家文書」、文四・一・十五。

「増補　懐宝永代蔵」（寛政六年刊）神戸大学附属図書館所蔵。

「芸州御積書目録並御相対御掛ヶ合之控」（大阪大学経済史・経営史資料室所蔵「鴻池善右衛門家文書」一一－一）。

「古記録　元文元年」（国立公文書館デジタルアーカイブ）。

「御用日記　壱番」（大阪大学経済史・経営史資料室所蔵「大同生命文書」B六－一）。

「御用日記　弐番」（大阪大学経済史・経営史資料室所蔵「大同生命文書」B六－二）。

「米商旧記」（大阪商工会議所所蔵）

「作徳覚」（滋賀大学経済学部附属史料館蔵「近江国蒲生郡鏡村玉尾家文書」所収）。

「正空売買聞書」（一橋大学機関リポジトリ、http://hermes-ir.lib.hit-u.ac.jp/da/handle/123456789/6987）。

「筑後米蔵出し滞出訴一件扣」（九州大学附属図書館記録資料館九州文化史資料部門所蔵「林田家文書」六九一）。

「所々津出蔵米出入手数等」佐賀県立図書館所蔵「鍋島家文庫」、三二六－四九。

「兵庫灘西国筋米飛脚出所年中休日定他」（公益財団法人三井文庫、高陽二一六七）。

「万相場日記」（国文学研究資料館所蔵「近江国蒲生郡鏡村玉尾家文書」所収）。


【はじめに】

Melamed, Leo and B. Tamarkin, *Escape to the Futures*, Wiley, 1996.

Melamed, Leo, *For Crying Out Loud: From Open Outcry to the Electronic Screen*, Wiley, 2009.

【第1章】


朝尾直弘「上方からみた元和・寛永期の細川藩」大阪歴史学会編『幕藩体制確立期の諸問題』吉川弘文館、一九六三年、一八九－二三八頁（のち『朝尾直弘著作集　第二巻』に所収）。

榎本宗次『近世領国貨幣研究序説』東洋書院、一九七七年。

大島真理夫編著『土地希少化と勤勉革命の比較史――経済史上の近世』ミネルヴァ書房、二〇〇九年。

木越隆三『織豊期検地と石高の研究』桂書房、二〇〇〇年。

財団法人大阪都市協会・大阪市都市住宅史編集委員会編『まちに住まう――大阪都市住宅史』平凡社、一九八九年。

新熊本市史編纂委員会編『新熊本市史　通史編　第三巻　近世Ⅰ』熊本市、二〇〇一年。

新熊本市史編纂委員会編『新熊本市史　通史編　第四巻　近世Ⅱ』熊本市、二〇〇三年。

武井弘一『江戸日本の転換点――水田の激増は何をもたらしたか』NHK出版、二〇一五年。

立木貴文「熊本藩宝暦の改革に関する一考察――財政改革としての宝暦の改革」『熊本史學』第七〇・七一合併号、一九九五年、六二－八五頁。

谷徹也「豊臣政権の算用体制」『史學雑誌』第一二三編第一二号、二〇一四年、三七－六〇頁。

深尾京司・中村尚史・中林真幸編『岩波講座　日本経済の歴史　第2巻　近世　16世紀末から19世紀前半』岩波書店、二〇一七年。

藤井讓治「近世貨幣論」大津透・桜井英治・藤井讓治・吉田裕・李成市編『岩波講座　日本歴史　第11巻　近世2』岩波書店、二〇一四年。

八百啓介『近世オランダ貿易と鎖国』吉川弘文館、一九九八年。

安国良一『日本近世貨幣史の研究』思文閣出版、二〇一六年。

【第二章】

作道洋太郎『日本貨幣金融史の研究――封建社会の信用通貨に関する基礎的研究』未來社、一九六一年。

ダレル・ダフィー著（農林中金総合研究所訳）『フューチャーズマーケット――先物市場』金融財政事情研究会、一九九四年。

Gelderblom, O. C. and J. P. B Jonker., "Amsterdam as the Cradle of Modern Futures Trading and Options Trading, 1550-1650", In Goetzmann, W. N. and K. G. Rouwenhorst Eds., *The Origins of Value: the Financial Innovations that Created Modern Capital Markets*, Oxford: Oxford University Press, 2005.

Lambert, E. *The Futures: The Rise of the Speculator and the Origins of the World's Biggest Markets*, New York: Basic Books, 2011.

Melamed, Leo and B. Tamarkin, *Escape to the Futures*, Wiley, 1996.

Melamed, Leo, *For Crying Out Loud: From Open Outcry to the Electronic Screen*, Wiley, 2009.

Moss, D. A. and E. Kintgen, The Dojima Rice Market and the Origins of Futures Trading, *HBS Case* 9-709-044, Harvard Business School, 2010.

【第三章】

井原西鶴『日本永代蔵』岩波書店、一九五六年。

岩橋勝『近世日本物価史の研究――近世米価の構造と変動』大原新生社、一九八一年。

大石慎三郎『享保改革の商業政策』吉川弘文館、一九九八年。

大阪市史編纂所編『大阪市史史料 第四十三輯 大坂町奉行所与力・同心勤方記録』大阪市史料調査会、一九九五年。

菊池勇夫「享保・天明の飢饉と政治改革――中央と地方、権力と市場経済」藤田覚編『幕藩制改革の展開』山川出版社、二〇〇一年、五五‐八五頁（のち『飢饉から読む近世社会』校倉書房、二〇〇三年に採録）。

中塚武「高分解能古気候データから始まる新しい災害史研究の方向性」『国立歴史民俗博物館研究報告』第二〇三集、二〇一六年、九‐二六頁。

原田敏丸・宮本又郎編著『シンポジウム　歴史のなかの物価――前工業化社会の物価と経済発展』、同文舘出版、一九八五年。

【第四章】

植松清志編著『大坂蔵屋敷の建築史的研究』思文閣出版、二〇一五年。

黒羽兵治郎『近世の大阪』有斐閣、一九四三年。

豆谷浩之「大坂蔵屋敷の所有と移転に関するノート」『大阪歴史博物館研究紀要』第十三号、二〇一五年、六一‐七二頁。

宮本又次「久留米藩大阪蔵屋敷と蛸の松　久留米藩蔵屋敷屏風絵図　参考　蛸の松」『福岡県地域史研究』第一号、一九八二年、四‐四三頁。

宮本又次編『久留米藩大阪蔵屋敷絵図』尾崎雅一発行、一九八三年。

森泰博「大坂蔵屋敷の成立と変貌」大阪商業大学商業史博物館編『大阪商業大学商業史博物館史料叢書　第2巻　蔵屋敷Ⅱ』同館発行、二〇〇一年。

八木滋「佐賀藩大坂蔵屋敷のネットワーク――「家質公訴内済記録」を通して」『大阪商業大学商業史博物館紀要』第九号、二〇〇八年、六七‐八二頁。

【第五章】

幸田成友「大坂の米市場」大日本百科辞書編輯所編『経済大辞書 第二巻』同文館、一九二四年、一三〇二－一三〇四頁。

清水光明「「草茅危言」と寛政改革――各巻の執筆年代・提出順序及び関連文書の検討から」『歴史評論』第七九三号、二〇一六年、六七－八四頁。

清水光明「「草茅危言」の書誌学的考察――懐徳堂文庫所蔵の竹山自筆本の検討から」『懐徳堂研究』第九号、二〇一八年、二九－四九頁。

末中哲夫『山片蟠桃の研究 著作篇』清文堂出版、一九七六年。


【第六章】

大豆生田稔『お米と食の近代史』吉川弘文館、二〇〇七年。

大豆生田稔『防長米改良と米穀検査――米穀市場の形成と産地（1890年代～1910年代）』日本経済評論社、二〇一六年。

玉名市立歴史博物館こころピア編『玉名市史 通史篇 上巻』玉名市、二〇〇五年。

藩法研究会編『藩法集 4 金沢藩』創文社、一九六三年。

細川藩政史研究会編『熊本藩年表稿』同会発行、一九七四年。

三澤純「熊本藩領社会を「領国地域社会論」から見つめ直す」稲葉継陽・今村直樹編『日本近世の領国地域社会――熊本藩政の成立・改革・展開』吉川弘文館、二〇一五年、二七三－二九〇頁。

山田竜雄「佐賀米と肥後米」地方史研究協議会編『日本産業史大系 8 九州地方篇』東京大学出版会、一九六〇年、二一一－四三頁。

渡辺尚志〔書評〕稲葉継陽・今村直樹編著『日本近世の領国地域社会――熊本藩政の成立・改革・展開』、

『歴史評論』、第七九六号、二〇一六年八月、九八－一〇二頁。

【第七章】


伊藤昭弘『藩財政再考――藩財政・領外銀主・地域経済』清文堂出版、二〇一四年。

大平祐一「内済と裁判」藤田覚編『近世法の再検討――歴史学と法史学の対話』山川出版社、二〇〇五年、五－三二頁。

小川國治『転換期長州藩の研究』思文閣出版、一九九六年。

賀川隆行『近世大名金融史の研究』吉川弘文館、一九九六年。

小関悠一郎『〈明君〉の近世――学問・知識と藩政改革』吉川弘文館、二〇一二年。

神保文夫「近世私法史における「大坂法」の意義について――大坂町奉行所の民事裁判管轄に関する一考察」平松義郎博士追悼論文集編集委員会編『法と刑罰の歴史的考察』名古屋大学出版会、一九八七年、三一一－三三七頁。

神保文夫「西欧近代法受容の前提――大坂町奉行所民事裁判法の性格について」石井三記・寺田浩明・西川洋一・水林彪編『近代法の再定位』創文社、二〇〇一年、一四七－一八三頁。

中西聡編『日本経済の歴史――列島経済史入門』名古屋大学出版会、二〇一三年。

廣田尚久『紛争解決学〔新版増補〕』信山社出版、二〇〇六年。

藤田覚『勘定奉行の江戸時代』筑摩書房、二〇一八年。

森泰博『大名金融史論』大原新生社、一九七〇年。

Dixit, Avinash K., *Lawlessness and Economics: Alternative Modes of Governance*, Princeton, NJ, Princeton University Press, 2007.

【第八章】

伊藤秀史『ひたすら読むエコノミクス』有斐閣、二〇一二年。

笠谷和比古「幕藩制下に於る大名領有権の不可侵性について」『日本史研究』一八七号、一九七八年、八六‐一〇五頁。

梶井厚志『戦略的思考の技術――ゲーム理論を実践する』中央公論新社、二〇〇二年。

塚本明「都市構造の転換」朝尾直弘・網野善彦・石井進・鹿野政直・早川庄八・安丸良夫編『岩波講座 日本通史 第14巻 近世4』岩波書店、一九九五年、六七‐一〇六頁。

平川新『紛争と世論――近世民衆の政治参加』東京大学出版会、一九九六年。

平川新「幕府官僚と利益集団――天保の油方仕法改革と政策過程」『歴史学研究』第六九八号、一九九七年六月、三四‐五二頁。

藤田覚「幕府行政論」歴史学研究会・日本史研究会編『日本史講座6 近世社会論』東京大学出版会、二〇〇五年、九九‐一二七頁。

藤田覚『泰平のしくみ――江戸の行政と社会』岩波書店、二〇一二年（A）。

藤田覚『近世史料論の世界』校倉書房、二〇一二年（B）。


【第九章】

内田九州男「元文元年買わせ米問題と町人訴願権」脇田修・J・L・マクレイン編『国際交流フォーラム 近世の大坂』大阪大学出版会、二〇〇〇年、一二一‐一四七頁。

大野瑞男『江戸幕府財政史論』吉川弘文館、一九九六年。

賀川隆行『江戸幕府御用金の研究』法政大学出版局、二〇〇二年。

藤田覚『松平定信』中央公論社、一九九三年。

藤田覚『近世の三大改革』山川出版社、二〇〇二年。

藤田覚『勘定奉行の江戸時代』筑摩書房、二〇一八年。

本庄栄治郎『本庄栄治郎著作集　第六冊　米価調節史の研究』清文堂出版、一九七二年（初出は一九一六年）。

三井文庫編『近世後期における主要物価の動態〔増補改訂〕』東京大学出版会、一九八九年。

Shibamoto, Masahiko and Yasuo Takatsuki, Macroeconomic Policy with Financial Market Stability: A Case Study of the Early 19th Century in Japan, *RIEB Discussion Paper Series*, No.DP2014-16.

【第一〇章】


石井寛治『情報・通信の社会史』有斐閣、一九九四年。

稲吉昭彦「近世後期京都における御用米会所貸付方の独立と恵比須屋荘兵衛」『佛教大学総合研究所紀要』第二号、二〇一三年、六七－八四頁。

尾脇秀和「京都〝米会所〟小考」ＲＩＥＢニュースレター、No.１７２、二〇一七年。

加藤慶一郎「大坂堂島米会所における米価形成――相場報知状の検討をとおして」『先物取引研究』第六巻第一号、二〇〇一年、一－一六頁。

近畿電気通信局経営調査室編『近畿における情報伝達の歴史的発展　その五「旗振り」』、同室発行、一九七六年。

柴田昭彦『旗振り山』ナカニシヤ出版、二〇〇六年。

杉本紀子「青本『萬民大福帳』について」『叢』三五号、二〇一四年、三五－六五頁。

杉本紀子「黒本・青本『遠眼鏡茂右衛門』について」『叢』三六号、二〇一五年、二五－五〇頁。

土屋喬雄監修・日本通運株式会社編『社史　日本通運株式会社』日本通運株式会社、一九六二年。

藤村潤一郎「翻刻飛脚関係摺物史料（一）」『史料館研究紀要』第一六号、一九八四年、二二七－三四〇頁。

マイケル・ルイス（渡会圭子・東江一紀訳）『フラッシュ・ボーイズ――10億分の1秒の男たち』文藝春秋、二〇一四年。

「旗振信号の沿革及仕方　附、伝書鳩の事」大阪市『明治大正大阪市史　第七巻　史料篇』日本評論社、一九三三年、九七四‐九八二頁。

講談社現代新書　2487

大坂堂島米市場《おおさかどうじまこめいちば》　江戸幕府《えどばくふ》vs市場経済《しじょうけいざい》

二〇一八年七月二〇日第一刷発行　二〇二五年六月六日第五刷発行

著者　高槻泰郎《たかつきやすお》　©Yasuo Takatsuki 2018

発行者　篠木和久

発行所　株式会社講談社
東京都文京区音羽二丁目一二―二一　郵便番号一一二―八〇〇一
電話　〇三―五三九五―三五二一　編集（現代新書）
〇三―五三九五―五八一七　販売
〇三―五三九五―三六一五　業務

装幀者　中島英樹

印刷所　株式会社ＫＰＳプロダクツ

製本所　株式会社ＫＰＳプロダクツ

定価はカバーに表示してあります　Printed in Japan

本書のコピー、スキャン、デジタル化等の無断複製は著作権法上での例外を除き禁じられています。本書を代行業者等の第三者に依頼してスキャンやデジタル化することは、たとえ個人や家庭内の利用でも著作権法違反です。

落丁本・乱丁本は購入書店名を明記のうえ、小社業務あてにお送りください。送料小社負担にてお取り替えいたします。

なお、この本についてのお問い合わせは、「現代新書」あてにお願いいたします。

N.D.C. 210.5　318p　18cm
ISBN978-4-06-512498-7

「講談社現代新書」の刊行にあたって

教養は万人が身をもって養い創造すべきものであって、一部の専門家の占有物として、ただ一方的に人々の手もとに配布され伝達されうるものではありません。

しかし、不幸にしてわが国の現状では、教養の重要な養いとなるべき書物は、ほとんど講壇からの天下りや単なる解説に終始し、知識技術を真剣に希求する青少年・学生・一般民衆の根本的な疑問や興味は、けっして十分に答えられ、解きほぐされ、手引きされることがありません。万人の内奥から発した真正の教養への芽ばえが、こうして放置され、むなしく滅びさる運命にゆだねられているのです。

このことは、中・高校だけで教育をおわる人々の成長をはばんでいるだけでなく、大学に進んだり、インテリと目されたりする人々の精神力の健康さえもむしばみ、わが国の文化の実質をまことに脆弱なものにしています。単なる博識以上の根強い思索力・判断力、および確かな技術にささえられた教養を必要とする日本の将来にとって、これは真剣に憂慮されなければならない事態であるといわなければなりません。

わたしたちの「講談社現代新書」は、この事態の克服を意図して計画されたものです。これによってわたしたちは、講壇からの天下りでもなく、単なる解説書でもない、もっぱら万人の魂に生ずる初発的かつ根本的な問題をとらえ、掘り起こし、手引きし、しかも最新の知識への展望を万人に確立させる書物を、新しく世の中に送り出したいと念願しています。

わたしたちは、創業以来民衆を対象とする啓蒙の仕事に専心してきた講談社にとって、これこそもっともふさわしい課題であり、伝統ある出版社としての義務でもあると考えているのです。

一九六四年四月　野間省一